平凡社新書
925

学校に入り込むニセ科学

左巻健男
SAMAKI TAKEO

HEIBONSHA

はじめに

重要な人類の文化の一つであり、論理性や実証性を持っている科学。その一方で、ニセ科学も世の中にあふれている。ニセ科学（疑似科学やエセ科学とも言われる）は、「科学っぽい装いをしている」あるいは「科学のように見える」にもかかわらず、とても科学とは呼べないものを指す。

本書では、学校に侵入するニセ科学を扱っている。学校は、ある意味で社会の縮図である。社会に蔓延《はびこ》るニセ科学も学校と無縁ではないのだ。

私が中学校の教員になったばかりのころ、「超能力」だというスプーン曲げや、オカルト的なコックリさんの流行があったが、スプーン曲げは本物の超能力、コックリさんは科学的に解明できない不思議現象だとする教員がいた。天然物＝自然で安全という認識から、合成洗剤、人工着色料などの食品添加物や農薬など人工的なものを極端に避ける教員もいた。

私が若いころは、教員は社会の中である程度の知的レベルを持っていて、平均的に本をよく読む層だった。しかし、今もそうだが、書店にはニセ科学的な内容の本が多く出回っており、それらに影響を受けた人たちがいたというわけである。

30代半ばになると、向山《むこうやま》洋一氏をリーダーとする「教育技術の法則化運動」（その後TOSS＝教育技術法則化運動と呼ばれるようになる）が登場してきた。たくさんの若手教員が参加したが、向山洋一氏やその参加者の教員はオカルト的なものにはまりやすく、ニセ科学を信じやすいと思うようになった。向山氏は「EMであらゆる環境問題や学校でのいじめ問題などが解決できる」などと主張していた。この運動参加者には、向山氏をカリスマ化して、彼の論説や本を中心に読む信奉者が多かった。このTOSSの数々の問題点も、本書では紹介している。

私自身は50代で大学へ異動した。その後、２００６年3月に愛媛大学・松山大学で開催された第61回物理学会年次大会で、「ニセ科学」をテーマにしたシンポジウムが開かれたというニュースを読んだ。当時、京都の同志社女子大学にいたので、大阪大学の菊池誠さん、京都女子大学の小波秀雄さんと相談し、２００６年8月26日に私が実行委員長となって「ニセ科学フォーラム京都」（会場：同志社女子大学）を開いた。

その後もニセ科学フォーラムを何回か開いた（２００６年9月2日　ニセ科学フォーラム

東京、２００７年7月7日　ニセ科学フォーラム２００７、２００８年11月9日　ニセ科学フォーラム２００８〔会場はいずれも学習院大学〕、２００９年11月23日　ニセ科学フォーラム２００９〔会場：大阪大学〕）。

２０１０年代には科学系の研究集会にニセ科学を考える分科会も設置した。理科教育者として、学校にニセ科学が入り込んでいること、世間一般でもニセ科学が蔓延っていることが気になっていたからだ。

そして今、教員の大量採用時代が続いている。採用試験の倍率が低い。教員になった人はかつてのように本を読まない人も多い。ニセ科学の本の影響は弱まったが、ネットの情報の影響力が強くなった。ネットには玉石混淆《ぎょくせきこんこう》の情報が多く、簡単に情報を得られる一方、科学リテラシーが弱ければ本よりも容易にニセ科学の影響を受けやすい。きちんとした本をいろいろ読んで科学リテラシーを身につけること、ニセ科学を見抜くセンスを身につけなければ、現代はかつて以上にニセ科学を信じてしまう度合いが高くなる危機的な時代である。そういった警鐘を鳴らす目的で、本書を執筆した。

学校にニセ科学を入り込ませない、子どもたちをニセ科学の信者にしないために、本書が少しでも寄与できれば幸いである。

学校に入り込むニセ科学●目次

第3章 学校や環境活動に忍び込むEM……67

作図＝丸山図芸社

第1章　ニセ科学はなぜ危険か

1　科学を学ぶことの意味

理科を学ぶ重要性

なぜ、学校に理科という科目があるのだろうか。

まず、私が考える理科教育の目的を述べておこう。

人の生命維持には、最低限、食物・空気・水が必要である。その役割やしくみなどについて基本的な正しい科学知識がなければ、生きていくことすら難しい。日々の暮らしにおいても、火事や感電など、さまざまな事故を頻繁に起こしてしまうだろう。つまり、子どもも時代に理科（自然科学）を学習しておかなくては、日常生活を営むことさえできないのである。労働者として働くときにも、科学知識が必要な職業は多い。たとえば、科学者や技術者、医師などの科学専門家たちだ。彼らを養成するためには当然、義務教育や高校での理科学習が土台となる。

「科学の難しいことはわからないけれど、大切だと思っている」という盲目的に科学を信じ込んでいる人が大勢いることも、実は大きな問題である。そういう人たちは、科学と無関係で論理は無茶苦茶でも、「波動」や「マイナスイオン」など一見科学っぽい言葉をちりばめられたニセ科学を信じてしまう（どのような人がニセ科学を信じやすいかは後述）。その心理を利用し、病気になり藁《わら》にもすがるような人たちや、健康に不安を抱いている人たちに、高額な健康機器や食品などを売りつけようとする商売も蔓延している。狙われるのは科学を大事だとは思っているが、知識のない人たちである。

こうして見ると、個人レベルから社会レベルに至るまで、学校で理科を学習するのは必然であり、重要なことでもあるとわかるだろう。

「科学教育の目的を、しゃれた言いまわしで表現することもできる」と科学史家・田中実は述べている。

人間はがんらい、ホモ・サピエンス（思索者）でもあれば、ホモ・ファベル（製作者）でもある。人間は社会的存在であるから、ホモ・ポリティクス（政治者）であり、社会は経済行為なしに成り立たないから、人間はまたホモ・エコノミクス（経済者）である。そして人間は、なんらかのたのしみなしには、積極的にはレジャーなしには生きがいを感じられないから、ホモ・ルーデンス（娯楽者）というべきである。人間のそうした諸側面のどれをとっても、現代では、自然科学の知識なしには、満足な活動をいとなむことができないのだ。

（田中実「科学教育目的論――終わりなき議論の試み」〔「理科教室」1968年1月号〕）

この言いまわしから学ぶべきは、人間とは何かを考えるときに、なんらかの愉しみなしには「生きがいを感じられない」、ホモ・ルーデンス（娯楽者）の側面の重視だ。このことを理科教育に当てはめれば、科学を文化の一つとしてとらえ、「科学を愉しむ」という立場も考えられるだろう。「科学そのものについて、科学と人間のかかわりについて、考え、本を読み、テレビを見、博物館を訪ねることが、人間の愛とたたかいを描いた文学作品を読むことと同じくらい、民衆に愛好されるようにはならないものだろうか。そうなれば、われわれは科学教育の効果についてあれこれと迷ったり、社会的目的について、懐疑的になったりしなくてすむだろう。自然科学教育は学校ではじまるのであるが、学校で終りにはならない」と、前出の田中は語っている。

科学を文化の一つとしてとらえ、科学を愉しむことは、言いかえれば科学的世界観の形成ということになるだろう。

学校は文化の総体を次世代に伝えるところ

学校は、人類の文化の総体を、世代から世代へと伝承してゆくために設けられている。前出の田中は、『学校教育の基本的目的』が、『文化総体の伝承』であるとすれば、学校の自然科学教育の目的は、自然科学そのものを少年・少女に彼らの受容能力に合致した形で、完全に伝え、彼らがやがて専門家としても非専門家としてでも、現在の科学を継承、発展できるように教授すること」と述べている。

さらに大切なこととして、「科学を学ぶこと自体が、精神発育期の人間にとって、ひとつの生きがいであることを自覚させる」ことをあげ、「科学の人間的・社会的価値は、科学をよく理解することによってはじめて、自覚的にわかるもの」と記している。

以上をまとめると、学校で人類の文化としての理科（自然科学）を次世代に伝えること、そして、生活から労働に至るまで、われわれの人生のあらゆる側面で、理科を学ぶことで得られる知識とその活用力（思考力、論理力）が必要不可欠ということになる。

しかし、学校で教えられることには限界がある。限られた時間の中で、将来、科学・技術の専門家となる者に対しては、発展性のある理論的・実践的基礎を教え、そうでない者には、世界や身辺で起こっている自然科学にかかわる現象を理解する科学的リテラシー（科学を読み解く能力）を育てる、その両方のことを達成しなければならないが、両立させることはなかなか難しい。

実際、科学と技術の専門家となる者とそうでない者の「共通」の教育（中学校までの義務教育＋高等学校初年教育の一部）の内容をどうするかという問題の答えは、実はまだはっきりしていない。

学習指導要領の理科も、約30年間の「ゆとり」教育時代と現在では内容（学習内容の質と量）が大きく変化している。「ゆとり」教育時代の約30年間は、およそ10年間ごとに区切りができる。最初、それまでの学習内容を「精選」した約10年間がある。「精選」が不十分だと次にさらに「精選」をした約10年間があった。それでも不十分だと次に「厳選」という「厳しく精選」をした約10年間が続いた。学習内容の「精選」とは学習内容を減らすことだ。学習内容を「精選」「精選」「厳選」した約30年間だった。その結果、中学校理科で言えば、密度、水溶液の％濃度を求める式は高度だとして教科書からなくなった。コケ植物やシダ植物、無セキツイ動物、イオン関係全部、仕事、仕事率なども教科書からなくなった。

「ゆとり」教育は、高度なことはすべて高校に回して、みんながわかる基礎・基本だけを学習すれば、できるから学習が楽しくなり、主体的に学習する態度が身について、難しいからと中学校から高校に送られた内容をふくむ高校での学習もクリアできる、との説明だった。しかし実際には、教科書にあるやさしい内容だけを覚えてしまえばよいとする学習態度が目立った。学校で学習しないことまで主体的に学習を進めるという態度にはならなかった。

「ゆとり」教育は各方面から厳しい批判を受けて、現在は「脱ゆとり教育」に転向し、「理数教育の充実」が謳われる教育課程になった。中学校理科の教科書からなくなって高校に移動していた学習内容のほとんどが戻ってきている。

理科教育に携わる人は、この「共通」の教育をするときに、「現代的な科学的リテラシーとして意味があるかどうか」をつねに自問自答しながら、教育を構想・実施する必要があるだろう。

2　ニセ科学と教育

ニセ科学にだまされないことも理科教育の目的

自然科学は、素粒子の世界から宇宙の世界までの秘密を探究し、世界がどうなっているか（自然像）を明らかにしつつある。科学の知識体系は重要な人類の文化の一つであり、論理性や実証性が極めて高い。まだ科学でわかっていないことは膨大にあるが、わかってきたこともたくさんあり、真実の基盤は増え続けている。

学校の理科は、自然科学を学ぶことで、自然についての科学知識を身につけ、その活用をはかり、科学的な思考、判断力を育てる教科だ。

そういう科学に対して、ニセ科学が世の中にあふれている。科学への信頼性を利用し、科学用語をちりばめながらわかりやすい物語を作って、ニセ科学でだます者がいるのも事実だ。

私は、こういった「ニセ科学にだまされない」ことも理科教育の目的に入れている。

戦後教育の出発点

「ニセ科学にだまされない」ことを追究する立場は、実は戦後教育の出発点でもあった。

わが国の新教育推進に大きな役割を果たしたものに、敗戦後の1946年5月に文部省が発表した、教師のための手引書「新教育指針」がある。全体を貫く基本理念は、個性の完成、人間尊重の教育理念である。そこでは、「科学的教養の普及」の重要性があげられている。

「新教育指針」は、戦前・戦中の日本が「日本国民は合理的精神にとぼしく科学的水準が低」かったことを指摘している。ここでの「科学」は自然科学だけではなく、社会についての科学的認識（社会科学）もふくんでいる。

「ひはん的精神に欠け、権威にもう従しやすい国民にあっては、物事を道理に合せて考える力、すなわち合理的精神がとぼしく、したがって科学的なはたらきが弱い。（中略）国民一般としては科学の程度がまだ低い。例えばこれまでの国史の教科書には、神が国土や山川草木を生んだとか、おろちの尾から剣が出たとか、神風が吹いて敵軍を滅ぼしたとかの神話や伝説が、あたかも歴史的事実であるかのように記されていたのに、生徒はそれを疑うことなく、その真相やその意味をきわめようともしなかった。このようにして教育させられた国民は、竹やりをもって近代兵器に立ち向かおうとしたり、門の柱にばくだんよけの護り札をはったり、神風による最後の勝利を信じたりしたのである」

つまり、軍国主義者や極端な国家主義者が、合理的精神にとぼしく科学的水準が低いという、日本国民の弱点を利用したと言うのだ。

「このことは、いいかえれば、真実を愛する心、すなわち真実を求め真実を語り真実を行う態度が、指導者に誤り導かれぬために必要であることを意味する」

こうして、今後の教育は、批判的・合理的・科学的精神を養うべきだということを強調したのである。

しかし、日本の教育の歴史を見たとき、近年とくに目立つのは、社会科学・歴史認識の分野での事実の軽視ないしは歪曲である。理科教育でも「ニセ科学の批判的検討」を学校教育の現場で扱うことはなかなか難しく、それどころかいたるところにニセ科学が入り込んでいるという実情がある。一部の有志がオカルトやニセ科学の批判的検討を授業に取り入れているが、その何倍もニセ科学をもとにした教育が行われているのが実態なのである。

3 ニセ科学と教員

ニセ科学に引っかかりやすいタイプの人

ニセ科学を信じ込み、ニセ科学を学校で教えてしまう教員がいるのはなぜなのか？　と問われることがある。そんなとき私は、「教員も一般の大人に過ぎない。一般の大人にも、ある割合でニセ科学を信じ込んでしまう人たちがいるのと一緒だ」と答えている。そのときによく例として取り上げるのが、経営コンサルタント・故船井幸雄氏のマーケティング論における人のタイプ分けだ。

船井氏は、ニセ科学を「すごい！　驚きの技術だ、考え方だ」と褒《ほ》めそやし、ニセ科学の普及に一役も二役も買ってきた人物である。氏は人を４つのタイプに分け、その第１のタイプ「先覚者」（２％くらい）に注目している。その男女比は男：女＝２：８で、女性がメインである。少し例は古いが、インドにサイババという超能力者がいると知れば、インドに会いに行ってしまうようなタイプだ。

第２のタイプは「素直な人」（20％）。「先覚者」の言うことに、素直に耳を傾けるタイプ。

第３のタイプは「普通の人」（70％弱）。

第４のタイプは「抵抗者」（10％弱）。50歳以上の男性に多いという（この本の筆者もここに分類されるだろう）。職業的には学者、マスコミ人がメイン。船井氏は「抵抗者」は無視するという。

船井氏が注目する第１のタイプ「先覚者」の３、４割が動き出すと、「素直な人」の半分くらいが同調する。さらにそれに「普通の人」が追随してブームが起こるという。

私のようなニセ科学批判の側からこの分類を見ると、とくに「先覚者」や「素直な人」がニセ科学に引っかかりやすい人たちに当たる。今や、その中に教員もかなりいるのが大問題なのだ。

ニセ科学にだまされる教員たち

教員は被教育者のころはほどほどの優等生で、教科書の内容を覚え、試験でそれを吐き出して今日があるという人が大半である。善意や感動というものをあまり疑わずに素直に育ってきた人が多い。ニセ科学側は、それを利用する。後述する「水からの伝言」というニセ科学では、「教室の子どもたちの言葉遣いをよくしたい」「子どもたちに環境によい活動をさせたい」という善意の動機のもと、写真や説明を見て科学的なものだと思ってしまったり、教育団体の指導者が推薦していることだからと、ニセ科学に搦《から》め取られてしまう。

ニセ科学でだます側は、教育こそが自分たちの主張の拡大の手段になることを知っている。教員を通して多くの子どもたちへの浸透を図るのである。そこでニセ科学は、〝善意〟と〝感動〟とに弱い教員を主なターゲットにする。

人間生活において〝善意〟と〝感動〟は大切なことである。しかし、学校においては善意や感動の衣をまとったニセ科学は、子どもたちから批判的・合理的・科学的精神を奪い、教育の土台を崩していく。

学校で子どもたちが批判的・合理的・科学的精神を養うには、まず教員がそれを持っていることが前提だろう。

4　人間ピラミッドに見る感動主義

自然科学からは少し離れるが、善意や感動の衣をまとっていて、なおかつ安全上の問題が見過ごせない事例に組体操がある。

組体操による事故

組体操では、段数の高低に関係なく、多数の事故が起こってきた。落下およびその衝撃で、上肢切断、歯牙障害、脊柱《せきちゅう》障害などが起きている。2014年度に全国の小・中・高校で起きた組体操関連の事故は8592件だ（独立行政法人日本スポーツ振興センター調べ）。その中でも組体操の大技の一つ、人間ピラミッド（四つんばいになった演技者の背中の上に、同じ体勢の演技者を積み重ね、上に向かってピラミッド状に組み上げるもの）は、組体操の事故件数の40％を占める。

問題は人間ピラミッドだけではない。問題なさそうな倒立や肩車といった2人組で行う種目でも、年間400件以上の骨折事故が起こっている。中には重い後遺症が残るケースもある。

人間ピラミッドは、3段や4段でもちょっとしたことでバランスが崩れて事故につながるが、8段、9段、10段といった高段の場合はとても危険だ。

内田良さん（名古屋大学准教授）の試算によると、151人で構成される10段のピラミッドだと、土台の中央部には一人あたり3・6人分の体重がかかるという。中学3年男子の平均体重ではこの荷重は200kg重を超える。

労働安全衛生法や労働安全衛生規則では、2m以上の高所作業を行う場合、事業者は適切な墜落防止措置を行う必要があり、同時に18歳未満の者には5m以上の高所作業を行わせてはならないと定められている。しかし、このような労働安全上のことを意識して人間ピラミッドを行っている学校はいくつあるだろうか。学校でも、安全上労働現場で許されていないことは行ってはならないだろう。

組体操事故に対する国の対応

多発する組体操事故について、国はどう対応したのか見てみよう。

「ヤンキー先生」という呼び名で知られる義家弘介《よしいえひろゆき》氏は、文部科学副大臣の立場（当時）で組体操事故の問題について持論を展開した。2016年1月の「東京新聞」に掲載されたインタビュー記事で、義家氏は「5〜6段の組み体操で、息子は負荷がかかる位置にいて背中の筋を壊したが、誇らしげだった」と振り返り、「私自身がうるうるきた。組み体操はかけがえのない教育活動」と主張していた。子どもが負傷してもなお、それを美談化し、死亡にもつながりかねない危険性を軽視して〝感動〟という教育的意義を強調していた。

しかし、幸いなことに文部科学省は方針を転換した。きっかけは、２０１６年２月に超党派の議員有志が開催した「組体操事故問題について考える勉強会」である。その後の衆議院予算委員会において馳浩《はせひろし》文部科学大臣（当時）は、「重大な関心をもって、このことについて文部科学省としても取り組まなければいけない」と述べ、国として関与すべきことを明言した。２０１６年３月には、スポーツ庁政策課学校体育室「組体操等による事故の防止について」で、組体操の安全対策を講じるよう各都道府県教育委員会に通達。この通達後、小・中・高の組体操による事故件数は例年より大幅に減少したが、いまだ高段の人間ピラミッドなどが実施されている学校もあるという。

この通達が出されたのは、組体操による事故が各方面で大きな話題になったからである。しかし、それまで学校現場では〝感動〟の名のもとに、治外法権的に組体操が行われてきたこと、それを支えたのは親と教員であることを忘れてはならない。このように行政が上から縛りをかけなければ、「子どもの命と安全を守る（もしくは安全が最優先）」という当然の合理的判断ができず、いまなお目の前の「感動」にしがみついて抵抗が続くほど、学校現場というものは情緒的判断に流されやすい。文科省さえ、多数の事故例を把握し専門家による警鐘を知りながら、各地での訴訟をはじめメディアが大きく取り上げるようになって、ようやく重い腰を上げたに過ぎない。

こうした事態を支えてきたのは「子どもたちにぜひとも感動的な体験をさせてやりたい」と、現場教員と保護者とが「善意」と「美談」を求め、情緒的な精神論で思考停止し、科学的に考えるよりは経験論で判断し、「本当にそうなのだろうか」と問わなくなる批判的精神の欠如がある。ニセ科学を浸透させようとする側は、つねにそこにつけ込んでくるのである。

第2章　ニセ科学に危機感を持った『水からの伝言』

1　言葉で水の結晶が変わる？

『水からの伝言』との出会い

私は、高校化学の教員として、化学を学ぶ意義を考えたときに、「私たちが毎日を生きる上でもっとも大切なものが３つある。食べ物、空気、水だ。どれか１つでもなければ生きることができない。それらを学校でもっとも理科（科学）として学んでいるのは化学という科目ではないか」と思った。そこで、理科教育・化学教育を土台にした、やさしくわかりやすい科学的な水環境の本『入門ビジュアルエコロジー　おいしい水 安全な水』（日本実業出版社、２０００年。現在は絶版）を上梓した。

この本は、「ミネラルウォーターや浄水器のしくみから、下水処理のメカニズム、水質汚染問題、さまざまな水のフシギな性質、水道水をおいしく飲む方法まで、知っているようで知らない〝水〟の最新知識」（「ＢＯＯＫ」データベースより）という内容だ。現在は、大きく構成を変えて、『水の常識ウソホント77』（平凡社新書、２０１５年）として発行されている。

その本を書いたときに、さまざまな機能性を持つとされる水についても検証したところ、世にも怪しげな、しかし科学っぽい雰囲気で迫るニセ科学商品群が多いことを知った。

さらには、怪しい本にも出会ってしまった。

それは、1年以上かけて書き上げた前出の本が書店でどんな扱いを受けているかを見るために、ドキドキした気持ちで紀伊國屋書店本店に出かけたときだ。拙著は、「環境」コーナーに平積みになっていたのだが、その隣に江本勝『水からの伝言』（波動教育社、1999年。以下「水伝」と略）が平積みされていたのだ。

「水伝」のでたらめな内容

「世界初!!　水の氷結結晶写真集」と謳い文句がついた「水伝」は、もともとは著者の江本勝氏のさまざまな「波動商売」の一環として自費出版のような形で出された本である。

波動商売とは、「波動測定器」の販売や、診療まがいのことをする波動カウンセリング、よい波動を転写したという高額な波動水（波動共鳴水）の販売などのことである。

私は「水伝」をパラパラとめくってみた。

「水伝」の内容は、こうだ。

容器に入った水に向けて「ありがとう」と「ばかやろう」という「言葉」を書いた紙を

貼り付けて水を凍らせると、「ありがとう」という紙を貼った水は、対称形の美しい六角形の結晶に成長し、「ばかやろう」という紙を貼った水は、崩れた汚い結晶になるか、結晶にならなかったと書かれていた。また、水にクラシック音楽とヘビーメタルをそれぞれ聴かせると、前者はきれいな結晶に、後者は汚いものになるという。つまり、水は「言葉」を理解するので、そのメッセージに人類は従おうというものだった。

私は、この荒唐無稽な内容に、「こんなものを信じるのはオカルト信者くらいだろう」と思ったものだ。

しかし、時々見に行った紀伊國屋書店本店で拙著よりずっと「水伝」が売れているらしいことがわかった。

国会議員や教育者にも浸透する「水伝」

2001年3月22日の第151回国会文教科学委員会で、「水伝」を非常に肯定的に紹介した人物があらわれた。それは、公明党の松あきら参議院議員である。松議員は、この委員会で、「水伝」の結晶実験を紹介。その上で、「水にも心がわかるのかと不思議な気がいたしましたけれども、例えば人間の体、七〇％が水分であると。（中略）心の面と、そして科学的な面、両方の面からこの教育というのをしっかり考えていただきたい」と述べたのである。

また、教育の世界にも「水伝」は浸透していった。

学校の教員の中には、「水は、よい言葉、悪い言葉を理解する。人の体の6、7割は水だ。人によい言葉、悪い言葉をかけると人の体は影響を受ける」という考えが授業に使えると思った人がいたのだ。道徳の授業などで、「水伝」の写真を見せながら、「だから『悪い言葉』を使うのは止めましょう」という授業が広まっていった。

どのように結晶写真を撮ったか?

「水伝」では、調べたい水を少量ずつ50個のシャーレの中央に落とし、マイナス20℃の冷凍庫で冷却する。すると先端の尖った氷ができる。3時間以上冷却したあと、マイナス5℃程度の実験室に取り出し、顕微鏡で観察していると、氷の先端に結晶が成長する。これは空気中の水蒸気が氷の尖った部分にくっついてできたものなので、別に目新しいものではなく、普通の「雪の結晶」と同じものだ。現在では、どんな条件のときにどんな結晶ができるかが科学的に解明されている。当時北海道大学教授だった中谷宇吉郎《なかやうきちろう》らの研究によって、雪の結晶の形は、温度と水蒸気過飽和度によって大きく変化することがわかっている。横軸に温度、縦軸に水蒸気過飽和度をとって、雪結晶形との関連を描いたものが

「中谷ダイアグラム」にまとめられている。

きれいな結晶、汚い結晶の写真は本物だとしても、これらができたのは水が言葉を理解したからではない。「ありがとう」のほうの水ではきれいな結晶になったときに、「ばかやろう」のほうの水では結晶が崩れているときに写真を撮ったに過ぎない。撮影した人は、どれが「ありがとう」のときに使われる写真で、どれが「ばかやろう」のときに使われる写真かを知った上で写真を撮っているのだ。

しかし、「本に載っている」「写真がある」ということで、この話を信じ込んだ人たちがたくさんいる。ニセ科学というのは巧妙で、わかりやすいストーリーと一見科学的な雰囲気を出す。「水伝」も量子力学を持ち出して「言葉にも波動がある」と説明したり、素人には撮れない水の結晶の写真を、一見科学っぽい補強材料に使ったのである。

「水伝」への科学者の対応

2006年3月に愛媛大学・松山大学で開催された第61回物理学会年次大会において、「ニセ科学」をテーマにしたシンポジウムが開かれた。

このシンポジウムを物理学会に提案した一人である田崎晴明さん（学習院大学教授）は、シンポジウムを開いた理由を次のように述べた。

科学の成果の最良の部分がほとんど疑う余地なく真実に近いのに対し、一部の「科学」を装った言説はほとんど疑う余地なく何の根拠もないニセモノである。そういった「ニセ科学」は、多くの場合、営利活動と結びついており、科学的であると思わせるような言説を用いることで、おそらくは意図的に、科学に無知な人々を欺こうとしているように見える。大手電機メーカーやマスコミを巻き込んだ「マイナスイオン」なるものをめぐる騒動は記憶に新しい。また近年では、たとえば「水に優しい言葉をかけると美しい結晶ができる」とする、いわゆる「水からの伝言」が、小学校の道徳教育の現場にまで使われるといった事態がおきており、「ニセ科学」の社会的影響力は相当に大きなものになっている。

このシンポジウムでは、そういった「ニセ科学」にターゲットをしぼり、いくつかの事例を紹介し、またわれわれ物理学者が「ニセ科学」といかに向き合うべきかを議論する。

シンポジウムの目的は単なる「ニセ科学」叩きではない。たとえば「マイナスイオン」は、きちんとした定義すらされておらず、われわれ物理学者にとってはナンセンスな言説にすぎない。しかし、「マイナスイオン」を信じた人々はあれを「科学」として受け取ったからこそ信じたのである。その点で、単なるオカルトのたぐいとは本質的に異なることを理解しなくてはならない。「ニセ科学」は単に科学の仮面をかぶっているだけでなく、一般社会に「科学」として認知されているのである。下世話に言うなら、「科学」と「ニセ科学」とは同じ市場を奪い合う関係にある。そのような「ニセ科学」にいかに直面し、それらにいかに対応するかということは、科学を学び、研究し、教育する者にとって、重要な意味をもっている。なぜ（理科系の教育を受けた人までを含む）多くの人々が「ニセ科学」に引き寄せられるかを考えることで、科学の教育、啓蒙、研究のあり方についても多くを学ぶことができるはずである。

「ニセ科学」を正しく批判できるのは科学者だけである。そのような批判を展開していくことは、科学者が社会に対して果たすべき重要な責任の一つであろう。多くの「ニセ科学」の主張が主として物理現象にかかわるものであることを鑑みるなら、中でも物理学者が果たすべき役割は大きいはずである。

「ニセ科学」の現状を知り、それらにどのように向かい合うべきかを考えることは、広く物理学会会員全般にとってきわめて有益であると考え、このシンポジウムを提案する。

こうして開かれたシンポジウムは、ジャーナリストや人文系研究者などの非会員をふくむ300人以上が会場を埋め尽くし、立ち見も出る大盛況だった。
開催後に田崎さんは物理学会へ次のように報告している。

田崎がシンポジウムの趣旨を説明したあと、菊池（誠、大阪大学教授）が「マイナスイオン」「水からの伝言」を例に、現代の「ニセ科学」の姿を紹介し、問題点や批判に関わる論点を整理した。天羽《あもう》（優子、山形大学准教授）は、webを通じた実際の批判活動を詳細に紹介し、批判に伴うリスクや批判者が維持すべき姿勢について述べた。さいごに池内（了、名古屋大学名誉教授）が、より広い視点から、社会に不合理性がはびこる要因を議論し、懐疑的な精神を社会に伝えることの重要性を強調した。討論では、個々の「ニセ科学」を糾弾することよりも、科学者としてそれらにどのように接していけばよいかという点を中心に、活発な意見交換が行なわれた。様々な「ニセ科学」に接した実例の報告もあった。論点は、研究者倫理や教育にもおよび、問題の深さを痛感させられた。具体的な批判の体制を議論するのは今後の課題だが、物理と社会にかかわる問題について大学院生を含む一般の会員が真摯に議論しあえる機会がもてたことは、本シンポジウムの大きな意義だったと考える。

（http://www.gakushuin.ac.jp/˜881791/events/JPSsympo0306.htmlより）

私は、この物理学会のシンポジウムについての新聞記事を読んだ当時、同志社女子大学教授だった。「水伝」が教育界に広がっていることに危機感を持っていたし、当時の教え子が私に「水伝」の内容を信じて話しかけてきたこともあって、私にも「なにかできることはないだろうか」と思っていた。これを機に、友人の小波秀雄さん（京都女子大学名誉教授）を介して、物理学会のシンポジウムに登壇していた菊池誠さんと話をして、小波さん、菊池さん、田崎さんらの有志と共に「ニセ科学フォーラム」を京都や東京で開催するようになった。また、『水はなんにも知らないよ』（ディスカヴァー携書、２００７年。電子書籍版も発売）を出版して、「水伝」を批判した。

言葉の善し悪しは水に決めてもらうことではないし、そもそも水に言葉を理解できるはずもない。第一、言葉の善し悪しを水に教わるような世界は、心を失った世界だ。もっと人の心はゆたかで、「ばかやろう」という言葉だって状況によってはとても愛に満ちているときもあるのだ。

教育現場がおかしくなっている

２００７年に、理科教育者として、教育現場がおかしくなっているという意識があり、雑誌「論座」（２００７年２月号）に、「お手軽化が蔓延する教育現場の怪」と題して記事を書いた。長文だが、全文紹介しておこう（掲載にあたり、補足、修正あり）。書いた当時からすでに12年が経過しているが、今はさらに状況が悪化しているかもしれない。

大学まで出て、普通以上の教養を身につけているはずの教員が、『水からの伝言』（以後、「水伝」）授業をしてしまうのはどうしてなのだろうか。私は、この小論でこの問いを少し考えてみたい。

ある程度の科学的なリテラシー（教養）があるなら、江本勝氏の荒唐無稽な「波動」の説明に怪しさを感じたことだろう。結局、「水伝」授業をする教員は科学的リテラシーが弱い、ということなのだ。

科学的リテラシーが弱くても学校現場が健全な常識の場であるなら、職員室の話題にはなっても、子どもたちにそれを教えよう、ということにならない。どうも、学校現場もおかしくなっているのではないか、というのが出発点である。

私は１９７４～76年当時、物理化学と理科教育を専攻する大学院生だった。同時に、非常勤講師として中学校や高等学校で理科を教えていた。

１９７６年４月から、公立中学校の理科教諭になった。以後、東京大学教育学部附属中・高等学校の理科教諭に転じ、２００１年に大学に転じて今日に至っている。これから述べることは、その私の目から見たニセ科学と学校と教員の様子である。

・スプーン曲げと学校

私が理科を教え始めた当時は、高度経済成長の破綻で漠然とした不安感が醸成されていたころだった。また、公害問題などで科学・技術への不信感も高まりつつあった。学校では「コックリさん」が大流行していた。

そんな１９７４年、ユリ・ゲラーが来日した。彼を呼んだのは日本テレビの矢《や》追《おい》純一ディレクターだった。まず、３月７日にテレビでユリ・ゲラーが出演する番組の放送があり、視聴率は30％近くをマーク。４月４日にも放送された。両番組で彼がやったのは、超能力によってスプーンを曲げることと、テレビの画面を通じて念力を送り、止まっている時計を動かす、というパフォーマンスだった。その放送を見た視聴者から、「うちの時計が動き出した」などの電話が、テレビ局に１万２０００件あったという。

以後、ＮＨＫ以外のテレビ局は、視聴率がとれるということで「超能力ショー」を頻繁にやるようになった。そこで活躍したのは、１０００人にものぼると言われた超能力少年少女たちであった。とくに有名になったのは、関口君と清田君である。

その関口君がインチキであるとの写真を、「週刊朝日」（１９７４年5月24日号）が掲載した。関口君の両親はインチキを認めたものの、それは2回だけとして後は本物と主張。「悪条件が重なるとできないことがある。仕方なしにインチキをしてしまった」と説明した。


メディア界は肯定派、半信半疑派、否定派が入り乱れたが、インチキがあったとしても「それでもスプーンは曲がる」と信じた人が多数派だったようだ。

インチキ発覚後、スプーン曲げという超能力ブームは急速に衰えていった。大衆が飽きてしまったからだ。それでも１９７６年当時、私が勤め始めた学校の職員室では「超能力はある！　ない！」という話が交わされた。もちろん私は否定派だが、少数派だった。

その根拠は、「物体は力を受けると変形する」「力は物体同士の相互作用」「念力の存在は科学的に根拠なし」という科学知識、そして「どう見ても簡単なトリックを使っているとしか思えない」という判断からだ。

一方の肯定派は、「科学ではわからないことがある」「子どもがインチキをやるはずがない（たまたまインチキが見つかっても全部がインチキとは言えない）」「『科学、科学……』という人は頭が固い」「不思議な体験をしたことがないんですか」と言ってきた。

「科学ではわからないことがある」に対して、今の私なら「科学ではわからないことがあるのはその通りだ。でも、少なくとも、スプーン曲げについては科学でわかる。科学でわかっていないことが膨大にあるように、わかってきたことも膨大にある」と主張し、アン・サイモンの「岩のように確固たる真実の基盤は増え続けている。小さな真実はそよ風に揺らいだり、新たな真実という嵐の中で壊れたりするかもしれないが、基盤は生き残る」を引用しただろう。

また、「頭が固い」に対しては、教育学者・板倉聖宣《きよのぶ》氏の言葉を返すだろう。

「手品と超能力を区別するのは実験。本気で超能力現象だと主張するならその人こそ疑問の余地のない実験をすべきだ。

（彼らは）いいかげんなショーや証言だけで『曲がった、曲がった』と言い、科学的に解明すべきというのは聞くだけで嫌、『もしかするとあるかもしれない』ではなく、『独断的に超能力現象を信じることから出発せよ』という。普通の科学者より独断的で頭が固い」（『超能力・トリック・手品』〔季節社、1994年〕より要約）

当時私は、「そんな遠隔地からでも超能力で力を作用させられるなら、スプーンなんか曲げていないで、スロットマシンのドラムの回転を思い通りに止めてみたらどうか。あるいは、もっと世の中の役に立つことに使ってみてくれ」とも言ったものだ。「そんなことができるなら、どうしてこうしないのか」というのは、真偽判定の基準の一つである。

さて、超能力とスプーン曲げを信じていた教員でも、肯定する立場でそれを授業で扱おうとした人はほとんどいなかった。私は当時、理科教育の雑誌の編集委員をしていて全国の授業の様子がある程度わかっていたが、そうした授業の話は聞こえてこなかった。聞こえてきたのは、否定の授業のほうである。スプーン曲げは、初心者でもできる簡単な手品であり、スプーンに傷をつけておいたりしなくてもスプーンの素材さえ選べば「この原理」で曲げることが可能である。するとこれは、力学の授業の教材になるのである。

30年ほど前の中学校教員時代は、超能力とスプーン曲げの話にとどまらず、教員同士で教育の話、授業の話、生徒の話ができる余裕があった。当時持っていた授業時間数は、今の中学校教員より多いかもしれない。クラスの生徒数も多かった。校内暴力で荒れてもいた。それでも、私のような新任教員はベテランの教員から学ぶことがたくさんあった。こうした余裕が今の学校現場から失われていることは、「水伝」授業に走る教員が出る要因の一つと思えるのだ。

- 「体験」の危うさ

その後、「ムー」や「トワイライトゾーン」などのオカルト専門誌が創刊された。オウム真理教の信者には、その影響を受けた人が多い。有名大学の理系卒の優秀な人たちが、教祖の空中浮遊を信じ込んだ。一瞬、跳ね上がったものを撮影しただけなのに、超能力でずっと空中に浮遊していられると思い込んだ。

オウム真理教によるサリン事件が起こったとき、テレビ局はオカルト的な番組を自粛した。しかし今や、「占い師」「霊能者」「超能力者」なる人々がテレビによく登場し、視聴率を稼いでいる。

現実が厳しくなり、不安感がいっぱい、未来に夢が持てないとき、「誰にでも潜在的に超能力がある」「霊がいる」「生まれ変われる」「未来を予知できる人がいる」などの考えは、癒やしになるかもしれない。占いも、プラス的なことを適当に気にしているくらいなら癒やしになり、実害はないだろう。批判性を持ってシャレで愉しむものならオカルトも問題はないが、信じ込めば人生が左右される。

「虫の知らせのようなテレパシーが存在する」「スプーンが普通の力ではなく超能力で曲がる」「超能力で未来が予知できる人がいる」といった言説が、科学技術の成果であるはずのテレビによって疑似体験化され、「実際にある」と思わせている。「テレビで見た」「写真で見た」ことが、多くの人に事実として受け止められているのだ。

また、実際に自分が体験したことであっても、錯誤する場合もあるし、ある体験だけ記憶していたり、確証傾向（合致している個所だけに注目し、「当たった」と考えること）だったりすることに注意しなければならない。知人が体験したことばかりか、知人の知人が体験したことまでも「自分の体験」になってしまっている場合もある。

1億の人口のうち1万人が「体験した」と信じている事柄があるとすると、自分の周囲に100人くらいの知人がいれば、知人の知人あたりで必ず「体験した1人」に行き着くことになる。私が講義で「電子レンジで濡れた猫をチンした」「あるハンバーガーにはミミズの肉が入っている」などの話（都市伝説）をすると、「えー、それってウソだったの！」という反応が、まま返ってくる。

こうした「体験」の危うさについて、学校で教えられているだろうか。教えられていないどころか、教員によっては自身が「本で見た」「写真で見た」ことを自分が見たように語る。オウム真理教信者が、教祖の空中浮遊の写真を見て信じたのと同じようなことが起きているというのが実態であろう。

OECD（経済協力開発機構）による調査の結果、わが国の大人の科学リテラシーは、先進国の中では群を抜いて低いことがわかっている。科学技術への興味・関心も、調査国中で最低だ。

しかし、それでも科学技術は大切だと思っている。つまり、科学はわからないし、興味・関心はないが、科学的だという雰囲気、科学的だとする〝お墨付き〟に弱いという傾向があるのだ。とくに科学的リテラシーが弱い人たちにとっては、「水伝」の結晶の写真が科学的な事実と化してしまうのだろう。

・TOSSの教祖、向山洋一氏

30年前と違うのは、「水伝」授業に飛びつく教員がTOSS（Teachers' Organization of Skill Sharing〔教育技術法則化運動〕の略）の会員であったり、その影響を受けていたりしていることだろう。「水伝」授業はTOSSを抜きに語れない。

TOSSの前身は、「教育技術の法則化運動」だった。発足当時、私は中・高の教員で、理科教育の民間教育研究団体である科学教育研究協議会の事務局長という立場にあり、かかわりもあった。「教育技術、教育指導のスキルを情報交換しよう」という趣旨に、賛同もした。

代表の向山洋一氏が、板倉聖宣氏が提唱する仮説実験授業からも大いに学んでいると述べていたので、理科教育の面でも期待をしたのである。

しかし、ガッカリした。あまりに稚拙な内容の「授業技術」だったからだ。「こんなことを学ばせて何になるんだ」という疑問いっぱいのものばかりだったのである（「第3期

『理科教材の授業技術』を読んでの注文」〔「現代教育科学」明治図書、1987年9月号〕参照）。向山氏らが応募論文から選んだもので、このありさまだったのだ。

その後明らかになったのは、単に向山氏の科学リテラシーが弱いのではなく、彼は確信的オカルティストだということだった。そういう人がTOSSの代表であり、他の教育方法は切り捨て、オカルトやニセ科学教育を広めている。会員は、いわば新興宗教の信者のように代表を崇拝しているようだ。このTOSSは、今ではわが国最大の会員数の教育団体になっており、「TOSSランド」というウェブサイトで多数のコンテンツを提供している。

「水伝」授業は、誰でも追試可能（＝真似ができる）な指導案としてサイトに載っていた。もちろん、掲載されるからには向山氏らの目を通したものである。そうして、全国の教員に広がった。その後、科学者側などから「水伝」授業への批判がウェブサイトやメディアを通じて出てきたからであろうが、現在は何の説明もなくTOSSの公式サイトからは一斉に削除されている。

「TOSS教」「向山教」の信者にとっては、「水伝」授業は追試の成功例も多々ある、すぐれた授業なのだ。

これまでも信者は、向山氏が信じたEM（有用微生物群）やEMセラミックスという怪しい商品で「環境問題はなくなる」、あるいは「エネルギー問題解決には原子力発電推進しかない、原子力発電万歳！」といったたぐいの教育をしてきた。

現在の学校現場は、余裕がなくなり、年中師走のような雰囲気だ。書類づくりに追われ、子どもの評価に追われる。昔より1クラスの子ども数は減ったとはいえ、子どもとも、その背後にいる保護者ともつきあい方が難しくなっている。そして、学校で教員同士がお互いに学びあう雰囲気も薄れている。

そのようなことから、一番手がかかる授業の準備をTOSSが用意している指導案ですませてしまおうと考えるのも、わからないではない。TOSSの指導案の中には、もしかしたらすぐれたものも多いのかもしれない。

だが、少し待ってほしい。TOSSの指導案を使う前に、左記のことを呼びかけておきたい。

◎その指導案を授業で扱おうとする前に、インターネットで検索してみよう
◎批判的なページがあったら読んでみよう
◎TOSSのものだけではなく、もっと多様に授業の参考になるものを見つけよう
◎自分の頭で思索しよう

私の反省は、理科教育の研究者として、向山氏がオカルティストとしての顔を公然と出

してきたときに、はっきりと批判しておけばよかったことである。

・愚民を作る教育、愚民になっている教員

斎藤貴男『カルト資本主義』（文藝春秋、１９９７年。２０００年に文庫化）の第5章「『万能』微生物ＥＭと世界救世教」に、「ＴＯＳＳに参加する小学校教師たちは、有害な微生物をバイキンマン、ＥＭをアンパンマンになぞらえて、『ＥＭは超能力を持っている』と、子供たちに教えている」という記述がある。これは、向山氏推薦の授業だ。ＥＭは８００℃でも死なないからセラミックス（陶磁器）に焼き込んでも超能力を発揮できる、というのである。なお、私は「８００℃でも死なない」というのはＥＭの開発者、比嘉照夫《ひがてるお》氏の実験上のミスか、インチキの部類であると思う。

斎藤氏は、「ＥＭを超能力だと教える向山氏のやり方の本質を表現するのに、多くの言葉は必要ないと思った。わずか一言で事足りる。愚民教育」と喝破している。

愚民教育は、この20年余続いてきた「ゆとり教育」の隠された目標でもあった。そういう教育行政の流れはＴＯＳＳと同様、教員をも愚民化してきたと言えないだろうか。愚民教員は、子どもを効率的に管理し、教祖の考えを効率的に注入する教育しかできなくなっている。

この根本的な問題を改善すべきだ。それが、「水伝」授業がもたらした最大の教訓なのではないだろうか。

「水伝」授業の例

ここで、TOSSランド（TOSSが運営しているサイト）にかつて掲載されていた「水伝」を道徳の授業に使用した指導案を紹介しよう。なお、このページは現在削除されている。

江本勝著『水からの伝言』（出版：波動教育社）。ご存知の方も多いと思う。水が、まるで生き物のように表情を変えるのである。よい想念を送られた水は美しい結晶をつくり、悪想念を送られた水は不気味な結晶を見せる。俄には信じ難い現象ではある。この写真集をもとに道徳の授業を行った。所要時間は25分。

【発問】〈「ルルドの泉」の水の結晶を見せる〉これは、何でしょう。
【説明】これは、フランスの「ルルドの泉」の水を凍らせて結晶にしたものです。
「ルルドの泉」は奇跡の泉といわれています。ここの水を飲むと多くの難病が治るのです。年間七十万人位の方がここを訪れるそうです。美しい結晶ですね。
【説明】〈「三分一湧水」の水の結晶を見せる〉山梨県長坂町の「三分一湧水」の水です。「ルルドの泉」のように奇跡を起こす水ではありませんが、大変美しい結晶です。
【発問】〈「隅田川」の水の結晶を見せる〉これは東京の隅田川の水。都会を流れる川で随分と汚れているのです。ですから結晶もどんよりしています。このように、水には表情があるのです。みなさんは、どこの水が好きですか。
【説明】〈音楽を聴かせる前の水の結晶を見せる〉
これは普通の水道水の水です。
【発問】〈音楽を聴かせた後の水の結晶を見せる〉
あることをしたら、このように表情を変えました。何をしたと思いますか。
【説明】音楽を聴かせたのです。（子供たち「おぉっ」と声を上げ教室がどよめいた）
水が音楽を聴いて表情を変える。信じられる人？
（26名中、9名が「信じる」に挙手）
【説明】〈「ヘビーメタル」音楽を聴かせた水の結晶を見せる〉
これも音楽を聴かせた後の水です。ただ凍っているだけで、美しい結晶は出来ていません。実はこれ、騒々しいロックを聴かせた後の水なのです。

【説明】〈「G線上のアリア」を聴かせた後の水の結晶を見せる〉
これは「G線上のアリア」というクラシックの名曲を聴かせた後の水の結晶です。同じ水でも、聴かせる音楽が違うと、表情もがらりと変わるのです。信じられる人？
（26名中、4名が「信じる」に挙手）
【発問】〈A「ありがとう」という言葉を紙に書いて見せ続けた水と、B「ばかやろう」という言葉を紙に書いて見せ続けた水の結晶を並べて見せる〉
これも同じ水道水。どちらの水の結晶がきれいですか？
【発問】何をしたら、このように水の表情が変わったのでしょう。
【説明】〈水を入れた透明な筒に、言葉を書いた紙を貼る場面の写真を見せる〉
Aの方は、「ありがとう」という言葉を紙に書いて、水を入れたケースに貼ったのです。
Bの方は、なんと「ばかやろう」という言葉を紙に書いて貼ったのです。
【発問】〈A「ありがとう」という言葉をかけ続けたご飯と、B「ばかやろう」という言葉をかけ続けたご飯の写真を見せる〉
これは、もとは普通のご飯でした。これはご飯に対してある言葉を口に出してかけ続けた結果です。

Aの方はいい香りに発酵しましたが、Bの方は黒くなり腐ってしまいました。どんな言葉をかけ続けたのでしょう。

【説明】発酵した方は「ありがとう」、腐った方は「ばかやろう」という言葉をかけ続けました。

【発問】人間の身体の大部分は、何で出来ていると思いますか。

【説明】〈人体に占める水分の割合の図を見せる〉

人間の身体の60％は水で出来ています。血液の90％、脳の80％は水。目の網膜は92％が水です。ですから、水に写してものを見ていることになります。

【発問】人に対して「ばかやろう」と言ったとします。どんな変化が起こりますか。

【発問】人に対して「ありがとう」と言ったとします。どんな変化が起こりますか。

【説明】〈「愛・感謝」という言葉を紙に書いて見せ続けた水の結晶と祈禱後の水の結晶を見せる〉

これは、「愛・感謝」という言葉を見せ続けた水の結晶の写真です。

最後の一枚。これは「みなさんが平和に幸せに暮らせますように」と祈った後に撮影した水の結晶です。

【指示】今日の授業の感想を一言だけノートに書いておきましょう。

【子供の感想】（抜粋。平仮名を漢字に変換）

・お祈りをした後の水がすごくきれいです。
・水に話しかけるだけで結晶の形が変わるとは初めて知りました。
・びっくりしました。自分で確かめてみたいです。不思議な感じがしました。
・物だって大事に使っていればいいことがあります。心が大切だと思いました。
・来年の自由研究でやろうと思いました。
・いい言葉を使おうと思いました。
・水も生きているんだなと思いました。
・地球の自然ってすごいんだなと思います。
・水も感情をもっていると思いました。

他にもいくつか「水伝」を使った指導案があったのだが、どの授業も結局、〝人に「悪い言葉」をかけると、相手の体の中の水が悪い影響を受けてしまうから、「悪い言葉」を使わないようにしよう〟という結論に持っていくのだ。

この指導案について解説しよう。

まず最初に「ルルドの泉」が出てくる。ルルドの泉は、スペイン国境に近いピレネー山麓にあるフランス南西部の寒村にあるカルスト湧水だ。

ルルドの泉について、次のような物語が伝えられている。

〝１８５８年に貧しい羊飼いの少女ベルナデットの前に、彼女にしか見えない「貴婦人」があらわれた。貴婦人は何度もあらわれたが、あるとき聖母のお告げに従って付近を掘ると泉が湧き出した。その泉の水はそれから難病に苦しむ人を何百人も救ったと喧伝され、やがて「奇跡の水」と崇められるようになった。〟

１８５８年から現在に至るまで、聖地としてカトリック教徒を中心に2億人の巡礼者が訪れている。その中で教会側が公式な〝奇跡〟として認定・記録しているのは70例である（２０１８年2月現在）。病気には自然に治癒する場合が一定の割合あることを考えると、奇跡はあまりにも少ない。奇跡を願って巡礼にやってきた人々のほとんどが奇跡など起こらずに失意のうちに帰って行くのだ。なのに、「ここの水を飲むと多くの難病が治るのです」という怪しげなことを信じてしまう人もいるのである。そしてこのようなことを小学生に教え、洗脳してしまうというのは大きな問題ではないか。

なお、当のベルナデットは、非常に病弱な人生を送り、１８７９年に35歳で肺結核で亡くなっている。

また音楽についても疑問である。クラシックがよくてヘビーメタルは悪いということを水から教わるというのもどうなのだろうか。私は、「水伝」の結晶の写真撮影者の、音楽への思いの反映に過ぎないと思う。「水伝」を信じてしまう人は、どのように撮影されたかを知らないので、写真撮影者の思いでシャッターチャンスを選んでいるに過ぎないことを考えられないのだろう。

2 「水伝」を否定的に扱ったテレビ

一般にテレビ番組では、ニセ科学を否定的に扱う番組は作りにくい。

その理由の一つは、テレビでニセ科学的な広告・宣伝が多いことにある。ニセ科学を批判的に報じればニセ科学的な製品を出している会社には嫌がられて、自分の首を絞めることになりやすい。

もう一つの理由は、ある程度の不思議さやおもしろさがないと、視聴率を稼ぎにくいからだ。オカルトやニセ科学的な不思議な内容を扱ったほうが視聴者には受ける。それがニセ科学だとわかっていても、視聴率稼ぎのためにオカルトやニセ科学で番組を作ったりする。

そんな中でも、ごくまれにニセ科学を否定的に扱うテレビ番組もある。テレビで扱われると新聞や雑誌で扱われるよりもずっと影響力がある。

ここでは、私も関係した2つのテレビ番組を紹介しよう。

VOICE「水伝」ご飯バージョンの実験

2006年3月24日放送のニュース番組「VOICE」（毎日放送）では、VOICE取材班が、「水伝」のご飯バージョンをデモンストレーションした。その内容は、シャーレに入れたご飯を50個用意し、2つのダンボールにそれぞれ25個ずつ入れ、片方のダンボール内に「ありがとう」、もう片方のダンボール内に「ばかやろう」と1か月言いまくるとどうなるかを見るという実験だ。

私は、この実験に反対した。なぜなら、シャーレ（ふたはしてある）に入れたのでは、完全密閉ではないのでご飯が熱いうちに入れたとしても、その後カビの胞子が混入して繁殖することが考えられる。このとき、どんなカビの胞子が混入するかで結果が違ってくる。どちらも同じような結果になることも、「水伝」側が言うような結果になることも、その逆になることもあるからだ。しかし、実験は行われた。

番組では、「水伝」を取り上げて、「波動水で1万人以上を治療したと主張」ということを紹介。そして、VOICE取材班がやった実験結果も紹介された。実験結果は、両方ともカビが生えた。とくに「ありがとう」のほうは、黒いカビまで生えた。私は、「水伝」側が言うような結果にならなかったのでホッとしたが、それでもやるべきではなかったと思う。

この放送の中で、兵庫県西宮市の小・中学校に電話での聞き取り調査をしたところ、64校のうちの少なくとも14の学校の授業で「水伝」を使ったことがあるとわかった。ごく狭い地域の調査だが2005年ごろまではインターネットに「水伝」を使った指導案がたくさん存在した。その後、科学者らの批判が増えてくると、一斉に削除されている。

ミヤネ屋の「校長が教える仰天科学」

2008年10月8日放送のワイドショー「情報ライブ ミヤネ屋」(読売テレビ)で、「校長たちが教える仰天科学〝水は言葉がわかる〟の波紋」として「水伝」が取り上げられた。これは、2008年7月、関東地区公立小・中学校女性校長会の総会において、120名の女性校長の前で江本勝氏が講演を行ったという事実があったからだ。

さらにその講演後、小学校などから子ども向け「水伝」の本の注文が相次ぎ、7000冊が学校に無料で配られたという。

しよう。

「水伝」の著者である江本勝氏は、この番組について自身のブログに次のように述べている。番組の内容や、江本氏がどう番組に対応しようとしているかがよくわかるので紹介

私は海外出張中で、見れなかったのですが10月８日の日テレ系番組「ミヤネ屋」で、私の「水からの伝言」を一方的に批判する番組が放映されたそうです。

昨日日本に帰ってそれを見ましたが、確かに批判だけの内容で、当然私としては面白くありません。

その内容は、次のようなものでした。

・冒頭、学校名を伏せた「学校だより」を紹介し、その「水伝」を勧める記述内容についての問題視する映像とナレーション。

・若いお母さんのインタビュー「このようなことを教える教育についての不安」のコメントの映像。

・石川県の学校便りも合わせて紹介。

・放送局内の部屋で女性アナウンサーが「水からの伝言」のページをめくりながらその内容を紹介。

・水伝ビデオを引用し紹介。
＊所長の文字で水が変わることの説明箇所の映像を引用。
＊実験方法の手順の映像を引用。
・物理学者として菊池さんの取材映像。
＊もし水が文字などの情報を受けてその結晶が変化するとしたら、物理学の歴史を変える大事件である。
＊水からの伝言で紹介されている内容は科学的根拠が無いことを強調。
・石川県にある中谷宇吉郎博物館の館長立会いで、雪の結晶の生成過程の映像を紹介。雪の結晶が大気の状態によって変化することを説明。
・左巻さんの取材映像
＊水の結晶は周囲の水蒸気によって生成される。
＊シャッターのタイミングによって、綺麗な結晶も、崩れた結晶も操作して撮影できる。
＊水が外部からの情報を認知することなど、水に感覚器官もないのでありえない事。水が記憶することなど無い。
・埼玉の校長会での講演があったことの紹介（講演会会場の建物をバックに）

・校長会への取材を試みたが断られた。（取材拒否）＞番組スタッフが電話をかけている映像を流しながら。
・教育委員会へ取材を試みたが断られた（取材拒否）
・著者の会社への取材を試みたが断られた（取材拒否）＞番組スタッフが電話をかけている映像を流しながら。
・絵本を見た子供の感想をインターネットから引用。「言葉で水が変わるのは不思議だな。」
・愛知県教育委員会の副島教育長の取材コメント紹介。「科学的でないものを教育に使うことへの危惧」
・文部科学省への電話取材。「事実と寓話を分けるべき」とのコメントをキャプションで紹介。

以上収録映像

以下スタジオでの生放送

コメンテーターの言葉

・見城美枝子さん（ジャーナリスト）「科学的でないものを教育に使うことへの危惧」
・拓殖大学の森本教授「学校の先生を教育すべき」

・北野誠さん「取材拒否をしたことへ不信」
などのコメントが出されCMとなり終了しました。

この間、株価暴騰・地震発生などの2回のニュース速報が流れたのが印象的で、私にしてみれば天はお喜びではなかったのじゃないかと思いました。

さてこれだけの批判を、公然として浴びせられたら、それに対しての反論は私としては支持者のためにもしなければならないところですが、感情に任せてそれをやると敵さんの思う壺となるところでしょうから、それは慎重にこれから進めてゆきたいと思い、今準備中です。しばらくお待ちください。

なお、10月12日（日）の日曜日10時から、私は高輪のプリンスホテルで開催中の船井オープンワールドで90分の講演を行います。そこではこの問題に対して思うところを述べるつもりですので、お時間のある方は、どうぞお越しくださるようお願いいたします。（原文ママ）

この校長会の代表、さらに自治体の教育委員会は、ミヤネ屋の取材に応じなかった。江本氏代表の会社も取材を拒否している。

江本氏は、「当然私としては面白くありません」と言いながら、こんな番組を放映するから「株価暴騰・地震発生」が起こるのだと言いたげで、反論は「慎重にこれから進めてゆきたいと思い、今準備中です。しばらくお待ちください」としている。しかし、反論は、船井オープンワールドでの講演でしたかもしれないが、公開されたものにはない。

田崎晴明さんの〝「水からの伝言」を信じないでください〟

物理学会の「ニセ科学」についてのシンポジウムを開催した田崎さんは、〝「水からの伝言」を信じないでください〟というサイトを公開している（http://www.gakushuin.ac.jp/~881791/fs/）。そのサイトにある文章を紹介しよう。

「水に『ありがとう』などの『よい言葉』を見せると、きれいな結晶ができて、『ばかやろう』などの『わるい言葉』を見せると、きたない結晶ができる」というのが「水からの伝言」というお話です。テレビで芸能人が取りあげたこともあるし、小学校の授業の教材として使われたこともあるそうです。

しかし、これまでの科学の知識から考えれば、水が言葉の影響をうけて結晶の形を変えるということは、けっして、ありません。本や写真集には、実際に試してみたという「実験結果」がのっています。でも、これは、実験する人の「思いこみ」が作りだした「みかけ」だけの結果だと考えられます。ただの「お話」と思って聞くならいいかもしれませんが、事実だと思うのはよくないでしょう。

それに、どんな言葉が「よく」で、どんな言葉が「わるい」かは、私たち人間がいっしょうけんめいに考えるべき、人の心についての大切な問題です。水に答えをおそわるような問題ではないはずです。また、「きれいな結晶なら、よい言葉」というように、見た目のきれいなものが「よいものだ」と決めているのも、私には、おかしく思えます。ものごとを、見かけだけで決めてしまっていいのでしょうか？

人の心は、すばらしい力をもっています。ほかの人たちを思いやる心、愛と感謝の心は、とても大切です。しかし、それと「水が言葉の影響をうける」という「お話」には、なんの関係もありません。

私たちは、学校の授業など、教育の場に「水からの伝言」をもちこむのは、絶対によくないことだと考えています。

田崎さんはこのサイトで、さらに、次のような疑問にも答えている。

・「水からの伝言」ってなに？

- ちゃんと実験をして結晶の写真をとっているのだから、本当なんじゃないの？
- この話が授業で使われたって、どういうこと？
- 道徳の授業につかうなら、事実でなくても、かまわないのでは？
- ともかく、「ありがとう」がよい言葉だと教えられるのだから、それでよいのでは？
- 科学に「ぜったい」ということはないはずなのに、「水からの伝言」が本当でないと言い切れるの？
- 「水からの伝言」が事実でないというためには、実験で確かめなくてはいけないのでは？
- 科学者は、水のつくる結晶を見て美しいと思わないのですか？
- 人間の精神には、すばらしい力があると思います。それが「水からの伝言」で説明されるのではないでしょうか？
- 科学的な「事実」よりも大切な「真実」があるのではないですか？
- このページを読んで、「水からの伝言」を信じている人の考えが変わるだろうと思いますか？

田崎さんは、「一人でも多くの方に、科学というもののすばらしさや、道徳について自分で考えることの大切さについて考えてほしいという思いから、このページをつくることにしました」ということだ。ぜひ一度、読んでみてほしい。

第３章

学校や環境活動に忍び込むEM

1　EMとは？

「水伝」と並ぶニセ科学が「EM」（EM研究機構による商標登録ではEM™。EM菌は通称）である。これらは、学校に忍び込むニセ科学の二大巨頭だ。

〝EM〟とは、「有用微生物群」の英語名 Effective Microorganisms の頭文字である。〝有用〟とあるが、本当に有用かどうかははっきりしない。そう名づけられただけである。この中身は、乳酸菌、酵母、光合成細菌などの微生物が一緒になっている共生体なのだという。しかし、何がどのくらいの分量であるかという組成もはっきりしていない。研究者が調べてみると肝心の光合成細菌がふくまれていないという報告がある。ただし、乳酸菌はふくまれているので、そのはたらきはあるだろう。

開発者は比嘉照夫氏（開発当時、琉球大学農学部教授）で、そのEMを用いた商品群は、EM研究機構などのEM関連会社から販売されている。

EMが知られるようになったのは、比嘉照夫『地球を救う大変革』（サンマーク出版、1993年）がベストセラーになったのがきっかけである。国立大学の琉球大学農学部教授である比嘉氏が書き、高名な経営コンサルタントの船井幸雄氏が応援したことで話題になった。

ＥＭは、もともと「世界救世教」という新興宗教団体が関係した微生物資材（農業用）である。世界救世教は、国内に１００万を超える信者を持ち、浄霊という手かざしの儀式的行為を各信者が行うこと、自然農法を推進すること、芸術活動を行うことを特徴としている宗教団体だ。

今も世界救世教関連の自然農法国際研究開発センターが設立した（株）ＥＭ研究所が微生物資材としてのＥＭを製造している。斎藤貴男『カルト資本主義』によると、「ＥＭ菌は、〝神からのプレゼント〟と形容され、世界救世教の教祖・岡田茂吉（故人）が創始した救世自然農法の普及活動の一環である」とある。

ＥＭは、土を改良する農業資材として最初に商品化されたが、その有効性をめぐって論議を呼んだ。比嘉氏は、ＥＭ液やＥＭで作った肥料によって土が改良され、作物がよく育つと主張。しかし、調べてみると他の肥料と比べて効果が弱いという結果も出た。

ＥＭは農業資材として世界各国に進出している。１９９０年代の終わりごろ、食糧難に苦しむ朝鮮民主主義人民共和国（北朝鮮）は全国くまなく農業用資材としてＥＭを導入することにした。比嘉氏もしばしば訪れて指導し、「北朝鮮はＥＭモデル国家。21世紀には食糧輸出国になる」と宣言していた。しかし、現在では比嘉氏は北朝鮮のことについて発言していない。それは、北朝鮮がすぐにＥＭ使用を止めてしまったからだ。

比嘉氏によると、ＥＭは「常識的な概念では説明が困難であり、理解することは不可能な、エントロピーの法則に従わない波動の重力波」が「低レベルのエネルギーを集約」し「エネルギーの物質化を促進」する、この「魔法やオカルトの法則に類似する、物質に対する反物質的な存在」であり、「１２００度に加熱しても死滅しない」で、「抗酸化作用・非イオン化作用・三次元（３Ｄ）の波動の作用」を持つとしている。

「１２００度に加熱しても死滅しない」のが本当ならば、生物について従来の考えをひっくり返す内容だが、学術誌には報告されておらず、勝手に言っているだけだ。

比嘉氏は、ＥＭをつねに強化する生活をすると、次のような効果があると述べている。

1　ＥＭ製品を身に着けていたので交通事故に遭っても大事に至らなかった。
2　ＥＭ生活をしていると大きな地震が来てもコップ一つも倒れなかった。
3　ＥＭ生活をしていると電磁波障害が減り、電気料金も安くなり、電機製品の機能が高まり寿命も長くなった。
4　ＥＭを使い続けている農場やゴルフ場の落雷が極端に少なくなった。
5　ＥＭ栽培に徹していると自然災害が極端に少なくなった。

6　ＥＭ生活を続けていると、いつの間にか健康になり人間関係もよくなった。
7　ＥＭを使い続けている場所は事故が少なく安全である。
8　学校のイジメがなくなり、みんな仲良くなった。
9　動物がすべて仲良くなった。
10　すべてのものに生命の息吹が感じられるようになった。
11　ＥＭで建築した家に住むようになり、ＥＭ生活を実行したら病人がいなくなった。
12　年々体の調子がよくなり、頭もよくなった。
13　ＥＭの本や情報を繰り返しチェックし確認する。
14　いろいろな事が起こっても、最終的には望んだ方向や最善の結果となる。

（ＥＭ情報室　ＷＥＢマガジン　エコピュア連載「新・夢に生きる」［74］）

今や比嘉氏は、車の燃費節減、コンクリートの強化、鳥インフルエンザや口蹄疫に効果あり、放射性物質を取り除く、あらゆる病気の治癒などにも効果があると言うようになった。もちろんそれらの効果は疑問だが、「効くまで使いなさい」という指導がなされている。

さらに、ＥＭに囲まれた場所は「結界」（宗教用語＝聖なるものを守るためのバリア）になり、たとえば沖縄本島はEM結界になっているので、台風がそれたり、被害は少なくなるなどと述べている。

比嘉氏は、「EMは神様」だから「なんでも、いいことはEMのおかげにし、悪いことが起こった場合は、EMの極め方が足りなかったどいう視点を持つようにして、各自のEM力を常に強化すること」を勧めている。

2 EM利用中止を求める署名活動

2015年秋に、change.org のキャンペーンの一つとして、「小・中学校におけるEMの利用を止めてほしい」という署名活動が行われた。発信者は天羽優子さん（山形大学理学部准教授）、宛先は文部科学省である。その趣意から、学校におけるEM教育の問題点がよくわかるので全文を紹介しよう。

その評価が科学的・学術的に定まっていないだけではなく、科学的にはあり得ない「万能性」をうたう微生物資材「EM」（通称：EM菌）が、全国の学校教育で用いられています。

ＥＭは複数の細菌を混ぜ合わせたものとされ、元々は土壌改良などの農業資材として開発されました。しかしＥＭの開発者らは、環境浄化や健康効果、放射性物質の影響低減、ガソリンに混ぜれば燃費が向上する、などの機能もあると主張しています。

学校では、児童らにＥＭを混ぜた泥団子を河川に投入させて「水質が浄化される」と教えるなど、環境教育での活用が多くみられます。ただ、水質浄化でも顕著な効果が無いことは過去、公的機関に繰り返し指摘されています。これは、児童・生徒に科学的に誤った事実を信じさせることだけにとどまらず、彼らから疑うべき情報を疑う能力をそぐことになるのではないか、と懸念をおぼえざるを得ません。

正しい知識を子供達に伝達するべき教育に、このような背景をもつＥＭが入り込むことは不健全と考えます。

（１）河川などの浄化の効果が明らかではない

ＥＭの投入によって河川などが浄化されたという実験結果で、公的な試験機関から得られたものがありません。逆に、顕著な効果が無かったという報告が地方公共団体から出てきています。

〔岡山県〕
http://www.chieiken.gr.jp/chieiken/oky_PDF/d331.pdf
http://www.chieiken.gr.jp/chieiken/oky_PDF/e331.pdf
〔広島県〕
http://www.pref.hiroshima.lg.jp/uploaded/attachment/70543.pdf（検証概要）
http://web.archive.org/web/20031207195111/（※２０１９年９月現在つながらない）
http://www.chugoku-np.co.jp /News/Tn03091304.html（報道アーカイブ　※２０１９年９月現在つながらない）

上記のように、客観的な効果が認められていないもの、また、それを検証する手段が提示されていないものを、学校教育の場で無批判に利用することは、子どもの客観的判断能力の成長を著しく阻害します。これは公教育として、絶対にあってはならないことです。

（２）環境浄化への取り組みを誤解させた上、むしろ環境を悪くする可能性がある

河川や湖、海などで、「ヘドロが多い」「匂いがある」等の有機汚濁が問題になっている場所で水質を浄化するためには、

ａ）有機物の負荷を減らすこと、
ｂ）窒素やリンの負荷を減らすこと、
ｃ）浄化機能を担う生物の生息場所である浅い水域を増やすこと、
ｄ）有機物を水域から取り除くこと、
ｅ）水底まで酸素を行き渡らせること、
などが有効です。

ＥＭを投入するだけで環境浄化に役立つと教えることは、これらａ）〜ｅ）に示したまっとうな環境浄化の方法を学ぶ機会を失わせることになります。

ＥＭは微生物ですからそれ自体が有機物です。河川・湖・海に投入すればかえって水域への有機物負荷を増大させることになり、水質を悪化させる可能性があります。

また、水中の有機物を分解する微生物は自然の中に多数いますので、そこにＥＭを追加しても、ＥＭが狙った通りに増えるとは限りません。もし、狙った通り増えたとしたら外来の菌により元々の菌の組成を変えてしまうことになり、外来生物の導入という面からも望ましくありません。

ＥＭは「有用微生物群」であるとされ、複数の微生物の混合物と推定されます。しかし、製品としてどんな菌がどういう割合で入っているかは明らかにされていません。

（3）（1）と（2）どちらが主に実現しても望ましくない結果になる

微生物を混ぜ合わせたものを海や川にごく少量投げ入れるわけですから多くの場合は、水質を変えたい水に対して圧倒的に少ない量のEMを加えることになります。これでは環境はほとんど変わらないことが予想され、この場合は（1）が実現します。すると、環境浄化目的でEMを使うことは、ただのパフォーマンスに過ぎず、情緒に訴えるだけで何の意味もないということになります。無駄なパフォーマンスをする習慣を学校で教育するのは良くないことです。

EMを入れたことで、微生物の分布が変わるなどの違いが生じた場合、（1）が実現するとは限らない上に（2）が主な問題となります。

（4）安全性についての情報が不足している

EMの人体に対する安全性について、はっきりした資料が出されていません。

プール清掃のために、生徒の自宅で培養したEMを投入するイベントを行った学校もありました。

どのような菌種であるかが明らかでないEMは、誤飲した際に、たとえ医療関係者であっても適切な処置をできない可能性が大きいでしょう。これは学校教育で使用する教材としては基本的な安全性に欠陥があるといわざるを得ません。

さらに、ＥＭ活性液・ＥＭ発酵液の製造プロセスには、原料及び器具の殺菌工程が無いのでどのような菌が優勢になるかもわからず、人体に対する安全性の保証は困難です。子供達がそのような培養液に直接触れた場合の危険性は予測が困難です。

プール清掃用のＥＭ活性液培養を自宅で行う学校の事例

http://www2.kobe-c.ed.jp/fkd-es/index.php?key=jo9zqkcx6-63

http://www.city.yukuhashi.fukuoka.jp/kyouiku/nobunaga-e/em/empage.html（※2０１９年9月現在つながらない）

川や海にＥＭを使った泥団子を投入して「浄化」する学校の事例

http://www.e-shiroi.jp/cgi-bin/ikn/topics/topics.cgi（※２０１９年9月現在つながらない）

http://www.e-shiroi.jp/sr1/tokusyoku/project/empro.html（※２０１９年9月現在つながらない）

http://www.ako-minpo.jp/news/2231.html

（5）飲用でないEM活性液を飲んでしまう事例があった

EM関連商品には、EM・X GOLDという発酵飲料があります。この商品と勘違いしたのか、学校で、農業資材用のEM－1を培養したEM活性液を飲ませた事例が新潟市で起きました。教師はこれを止めることができませんでした。

この件については、新潟市議会の平成27年2月定例会で議論されています。

https://www.youtube.com/watch?v=h2kYQ7VVePU（この映像の33分から）

http://em2civil.wiki.fc2.com/wiki/新潟市%284%29（文字起こし）

食品でないものを学校で生徒に飲ませるのは危険です。

EM研究機構は、飲用でないものを飲むことについて一応の注意喚起はしていますが、その表現は「微生物資材のEM・1®を飲まれる方もいるようですが、基本的には土壌改良材とご理解下さい。」にとどまっています。

（6）開発者の主張が全くの非科学的である（販売元はそれを容認している）

EMの開発者は元琉球大学農学部教授の比嘉照夫氏です。比嘉氏は自説を「新・夢に生きる」や「蘇れ！食と健康と地球環境」という連載記事で展開しています。その中で、

「ＥＭの本質的な効果は改めて述べるまでもなく蘇生の法則、すなわちシントロピーを支える抗酸化作用と非イオン作用と重力波と想定される三次元の波動作用によるものです。」

http://www.ecopure.info/rensai/teruohiga/yumeniikiru21.html

「使用された建築用のＥＭは１５００トンあまり、この効果は一般用のＥＭの数倍にもなりますので、この地域は巨大な強烈なパワースポットとなっています。当然のことながら、このような建物に住む人々は病気になることもなく、その中心部にある大型のプールは、すでに聖水となっており、この2点だけとっても、地上天国と言っても過言ではありません。」

http://ecopure.info/rensai/teruohiga/yumeniikiru86.html

「ＥＭによる波動作用は、その当初より様々な現象を引き起こし、研究機関によるＥＭの否定的見解の原因となってきた。すなわち、室内で化学物質の分解や水質浄化の実験を行なうと、当初はＥＭ投入区の方に明確な効果が認められるが、時間の経過とともにＥＭを投入しない区の化学物質も分解されたり、無処理区の汚水も浄化されるようになる。」

http://dndi.jp/19-higa/higa_61.php

などと述べています。
「シントロピー」は比嘉氏の造語です。「蘇生の法則」と呼ばれるようなものは科学の分野には存在しません。「三次元の波動作用」も全く意味不明です。「聖水」「パワースポット」はオカルトではポピュラーですが、科学には全く関係がありません。また、EMの作用が「波動作用」で、菌や物質が無くてもその作用が何も無い空間を伝わって効果を示すというのも、科学としては全くのナンセンスです。
しかし、EMを農業資材以外の用途で使うことを推進しているEM研究機構では、この比嘉氏の主張に何ら批判を加えないまま、開発者として紹介しています。（2015年7月22日付け「新・夢に生きる」http://www.ecopure.info/rensai/teruohiga/yumeniikiru97.html 参照）
さらに比嘉氏は「微生物資材で科学的検証の必要なものは『まったく未知の微生物』か『遺伝子組み換えをした微生物』に限られており、法的な義務づけがあります。EMは、そのいずれにも該当せず、科学的検証はまったく必要なく、各試験研究機関もEM研究機構の同意なしには、勝手に試験をして、その効果を判定する権限もありません。」http://www.ecopure.info/rensai/teruohiga/yumeniikiru62.html
と主張し、科学的検証を拒んでいます。

比嘉氏とＥＭ研究機構は酵母、乳酸菌、光合成細菌と書くだけで、正式な名称を使わずに菌の分類が済んでいるように主張しています。菌の詳細な説明が何もないのにこれでは、比嘉氏らの主張を信じるか、疑う以外の選択肢がありません。これは、科学的根拠のある製品についての一般的な社会通念に全くあてはまりません。

学校でのＥＭ使用の問題点は、その効果の有無をめぐる問題とは別に、ＥＭの原理をめぐる非科学的主張に教育現場が一種の「お墨付き」を与えている、という点にもあります。児童・生徒の科学リテラシー育成に重大な悪影響を与える可能性が危惧され、不適当と言わざるを得ません。

まとめると、

- 環境浄化のエビデンスがない
- 環境汚染の可能性すらある
- 環境浄化のプロセスを生徒に誤解させる
- （夢のような宣伝が原因で）間違って飲用する指導が行われる危険もある
- 効果の説明が全くの非科学で、学校の理科教育と相容れないし両立もしない

という理由から、ＥＭは学校で教育目的で生徒に使わせてはいけない素材であると考えます。

この主張に賛同されるかたは署名をお願いいたします。
署名の有効性を高めるために、高等教育機関、研究機関等に所属する方は所属機関名を氏名の後に記載願えないでしょうか。

3 文部科学省の見解は「補助教材」

2015年（平成27年）3月4日付で文部科学省から「学校における補助教材の適切な取扱いについて（通知）」が出ている。

補助教材には、「一般に、市販、自作等を問わず、例えば、副読本、解説書、資料集、学習帳、問題集等のほか、プリント類、視聴覚教材、掛図、新聞等も含まれる」とあり、EMもこれにふくまれる。

この通知の中に、留意事項の記述があり、「多様な見方や考え方のできる事柄、未確定な事柄を取り上げる場合には、特定の事柄を強調し過ぎたり、一面的な見解を十分な配慮なく取り上げたりするなど、特定の見方や考え方に偏った取扱いとならないこと」「教育委員会は、所管の学校における補助教材の使用について、あらかじめ、教育委員会に届け出させ、又は教育委員会の承認を受けさせることとする定を設けるものとされており（地方教育行政の組織及び運営に関する法律第33条第2項）、この規定を適確に履行するとともに、必要に応じて補助教材の内容を確認するなど、各学校において補助教材が不適切に使用されないよう管理を行うこと」としている。

２０１８年10月16日付の「毎日新聞」では、「ＥＭ菌　効果『承知していない』　環境相、否定的考え示す」という見出しで、「原田義昭環境相は16日の記者会見で、水質浄化などに対する科学的根拠がないと指摘される『有用微生物群』（ＥＭ菌）について、『これまで、効果があるとの科学的な検証を承知していない』と述べ、作用に否定的な考えを示した」と報じている。

ＥＭボカシやＥＭ団子の水環境への投入が水環境をよくするという科学的な根拠ははっきりしておらず、専門家から、むしろそのことが水環境を悪くするという警告がされている。もしも、原田環境相が述べたようにＥＭに効果があるとの科学的検証がなければ、ＥＭで水質浄化の効果があることを前提にしてＥＭ団子を投げ込むように子どもたちに指導することは、偏った取り扱いであるということになる。

プール清掃に使うことも同様だ。たとえば公益財団法人日本学校保健会は、『学校における水泳プールの保健衛生管理　平成28年度改訂』において、「清掃前に微生物資材を使用することは、プールの富栄養化を招くことになります。結果として、清掃時の排水により下水処理施設に負担をかけたり、河川を汚染する可能性があります」と警鐘を鳴らしている。学校のプールで使われている微生物資材と言えばEMのことである。つまり、EMは文部科学省通知の留意事項に引っかかることになるのだ。

4　EMの三大危険性

私はEMを、ニセ科学の中でもっとも危険と感じている。その理由を3つ述べよう。

①学校や環境活動に入り込み、善意の人たちがEMの普及を担ってしまっていること

一部の学校では、先生方が子どもたちにEMボカシやEM団子を作らせて、プールや川や海に投げ込んでいる。環境活動を行っているボランティア団体でも同様なことをしている。

また、特定の会社の商品であるEMを使った活動に、自治体が助成金を出して支援してしまっている場合が多いのも問題だ。

②EM界隈が政界に影響力を及ぼしていること

かつて文部科学大臣だった下村博文衆院議員は、比嘉氏の講演を聴いて「ＥＭ技術による放射能被曝対策もできるそうだ。（中略）同様の提案が私のところにも他からも来ている。私も勉強してみたい」とブログで述べていた。

政界では、２０１３年12月３日に国会議員の超党派による「有用微生物利活用推進議員連盟」が発足している。この議員連盟は「ＥＭ菌議連」と言われ、会長は野田毅衆院議員（自民）、幹事長は平井卓也衆院議員（自民）、事務局長は高橋比奈子衆院議員（自民）である。

比嘉氏によると、この議連は、「スタートは50人内外でしたが、その後も新規に加入いただいていますので、近々１００人を超える規模になりそうです」と述べている（ＥＭ情報室　ＷＥＢマガジン エコピュア 連載「新・夢に生きる」［79］）。

安倍内閣は、市議・県議時代からＥＭの広告塔的立場だった高橋比奈子衆院議員を環境政務官につけたこともあった。これについては、「週刊文春」２０１４年10月30日秋の特大号に「元女子アナ環境政務官は〝トンデモ科学〟の広告塔　まだある女性抜擢失敗！」という記事が掲載された。この記事のトンデモ科学とはＥＭのことである。この記事によると、高橋議員の父親（共産党県議６期を務めて引退）は06年にＥＭ関連の会社を設立、高橋議員本人はＥＭ効果について「わからなーい！　そういうことは！　私に聞かないで！

現場に行ってないから…」と話しているという。

また、2018年10月3日付の「毎日新聞」は、「安倍内閣初入閣・平井科技担当相は『EM菌議連幹事長』」と報じた。平井議員は「『EM菌を使っている方がたくさんいるので幹事長を引き受けた。中身はよく知らない』と釈明した」という。

さらに、同年10月10日付の「毎日新聞」は、「平井卓也・科学技術担当相は10日、科学的根拠がないと指摘されている有用微生物群（EM菌）を推進する議員連盟の幹事長を務めていることについて、議連の解散を含めて検討する考えを示した。閣議後の記者会見で『議連は活動停止状態と聞いている。まだ解散していないので、今後どうするかを考える』と述べた」と続報した。

実は、平井議員の後援会会長の会社（株）アムロンは、EMセラミック「Eセラ」（EMX清涼飲料水を粘土に混入させ焼いたセラミックスの商品）の製造会社だ。また、平井議員の母・温子《あつこ》氏が社主の「四国新聞」ではよくEMの活動が掲載されている。平井議員が「中身はよく知らない」と言うのはあまりにも無恥と言うしかない。

比嘉氏は、さまざまなEM商品を全部使う〝EM生活〟をすることを国民の義務にすることを狙っている。国民全体が「EM・X GOLD」という清涼飲料水を飲み、さまざまなEM商品を使う〝EM生活〟をするようになれば、生活習慣病などはなくなるので、社会保険制度は不要という主張までしている。

③EM批判者の批判封じの働きかけをしていること

EM研究機構の顧問と社員が、ときにはEM研究機構の人間であることを隠し、EMの非科学性について批判している人たちの自宅や所属機関に押しかけたりして、「名誉毀損《きそん》」「営業妨害」だとして批判封じの働きかけをしている。

本来なら、EM批判をしている研究者とは公明正大に議論をすればよい。本当に商品の性能に自信があるなら第三者に自由に検証してもらい、もし問題が見つかれば商品の改良を重ねていき、批判をもとにより良い商品開発を目指していくのが企業としてのあり方ではないか。

5　EMの授業例

TOSS代表・向山氏のEMの授業例

TOSSの代表・向山洋一氏のEMについて書かれた本には、彼が考案したEMに関する授業例が紹介されている。その内容は、まず自然と社会のメカニズムを図式化した基本サイクル図（自然から取り出された資源が加工されて製品となり、人間に消費された後にゴミになり、再び自然に戻っていく循環が描かれている）を示す。この循環が途切れていることを子どもに伝え、なぜそうなってしまうのかを話し合わせる。子どもたちからは、「物を大切に」や「自然に有害なものを使わない」などの意見が出るが、「大事なことだが、それだけでは駄目だ」という。子どもたちの話し合いが煮詰まったところで、水道水と池の水の拡大写真2枚を見せ、「これにあるものを混ぜておいて1カ月、2カ月、そのままにしておく」という。さらに澄んだ水の拡大写真を見せながら、汚れていた水がこんなにきれいになる理由を子どもたちに問いかけ、意見を出させる。そして、「これは微生物なんです」と、ＥＭ液を見せながら、ＥＭと、ＥＭを考え出した比嘉照夫氏を紹介する、という流れの授業である。

自然界において、あるいは下水・排水処理などにおいて、微生物が活躍していることは確かだ。指導すべきは、よく組成もわからない、水質浄化に科学的根拠が弱い、特定の会社の製品のＥＭではない。自然界に身近に広くいる微生物が活用されていることを指導すべきである。

ＥＭが原発事故に成果ありという指導案も

ＴＯＳＳアンバランス福島の冨田元久氏作成の「ＥＭとは」という指導案がある。それによると「ＥＭの成果」として、「チェルノブイリ原発事故に成果」とあった。

現在最大の環境破壊といえば、チェルノブイリの原発事故である。「リサイクル」では、解決できない。客土でも無理である。化学薬品も役に立たない。チェルノブイリのとなりにあるベラルーシ共和国のベラルーシ科学アカデミー放射線生物学研究所所長エフゲニー・コノプリヤ氏の次のような研究報告がある。
「ＥＭ‐Ｘ」は、放射能汚染に対して有効な性質を持っている。
「ＥＭ‐Ｘ」とは、ＥＭの作る「抗酸化物質」だけを集めたものである。

この指導案に出てくるＥＭ‐Ｘ（ＥＭＸあるいはＥＭ・Ｘ）とは、ＥＭ発酵でできる抗酸化物質から作ったという清涼飲料水で、現在は、「ＥＭＸ ＧＯＬＤ」という名の清涼飲料水になっている。

ＴＯＳＳは、根拠はない高額な清涼飲料水、ＥＭＸの「超能力を持っていて、どんな難病もなくす」などの宣伝に加担していただけだと言える。このようにニセ科学にはまると悪徳商法の加担者にもなる可能性があるのだ。

比嘉氏は、EMXの後継商品で、5倍も能力が上がっているというEMX GOLDを、福島第一原発の事故後には「放射性物質を体外に排出する」と述べるが、もちろん、根拠はない。公開されている成分はナトリウムだけで、いわば、うすい食塩水と同様の代物に思える。

スーパーサイエンスハイスクールの事例

EMを学校に導入しているのは、TOSSの教員ばかりではない。スーパーサイエンスハイスクール（SSH）にも、EMが入り込んでいた。

SSHとは、文部科学省が科学技術や理科・数学教育を重点的に行う高校を指定する制度で、2018年度には55校が選定されている。将来の国際的な科学技術人材を育成することを目指し、先進的な理数教育を実施するとともに、高校、大学の接続推進のための大学との共同研究や、国際性を育むための取組を推進するというものだ。

たとえば、SSHである山梨県立甲府南高校では、2006年度1年前期の「科学の世界」という科目のうち1回が「暮らしにいかす細菌 〜EM菌の不思議〜」という授業になっている。この授業を受けた生徒の感想として、「細菌や微生物のおかげで私たちの生活が成り立っていることを知り驚いた。EM菌の磁気共鳴波動というはたらきも正直信じられなかったが、実際に体験できて感動した」というものがある。生徒に、比嘉氏のトンデモ波動説を鵜呑みにさせていては、将来の国際的な科学技術人材を育成することにはならないだろう。

その後、2010年度、2011年度の報告では、「科学を題材としたもの　本校教師担当分（例）」として、全学年向けの科目の題目のうちに「暮らしにいかす細菌　～EM菌の不思議～」があった。しかし、その後の報告には見られないので、どこかからの指摘があったからか、自浄作用が働いたのだろうか。

6　EM信者の校長によるEM使用例

自宅菜園などで〝EM結界〟を作っているという人の話を読んでいたら、どうも元学校長であることがわかり、「まさか校長のときにもEM教育をしてはいないだろうな？」と心配になった。しかし、心配は当たった。「やっていた」のである。

その人物が小学校の校長時代、インフルエンザ対策に、ＥＭ米のとぎ汁発酵液を各教室に設置されている超音波加湿器で噴霧していたというのだ。詳しい内容が、「ＥＭほっかいどう ２００９年6月 第53号 ＥＭと私（その⑦）※ＥＭによる健康生活づくり（№１）旭川 EcoM クラブ西神楽顧問 高野雅樹」（http://new.em-hokkaido.org/wp-content/uploads/2010/01/53all1.pdf）と題して掲載されていたので、抜粋して紹介しよう。

「まず、各教室に設置されている超音波加湿器に、学校で作っているＥＭ米のとぎ汁発酵液をちょうど１００倍希釈液となるように加え、毎日噴霧しました」

「もう一つの問題は、加湿器内の水の通り道に黒いカビが生えやすいことです。毎週１回は、必ず隅々まで洗わなければなりませんでした。（先生方にはいやがられました）」

「加湿器による噴霧に加えて、毎週1回、主に金曜日の夜に体育館を除く校舎内全てにＥＭ１００倍希釈液を散布しました」

「全て、丁寧に散布しました。（中略）児童数１００名規模の学校ですが、１回の散布にＥＭ希釈液約40リットル、時間は、一人でするとl時間半くらいかかりました。（中略）春まで続けたのですが、この冬は、とうとう、インフルエンザに罹患する児童が一人も出ませんでした」

これには問題点が多々あると思う。

・ＥＭ米のとぎ汁発酵液の中に、どんな細菌やカビが入り込んで増殖しているかはわからない。どんな感染症になるかもわからない。いや、感染症にかかった人がいたかもしれない。かかっていたとしても幸いなことに軽微で、これによって目立った症状が出ることはなかったようだが。

・加湿器の通り道を洗っても黒いカビが生えたということは、洗わない１週間の間は黒いカビの胞子や本体を毎日ばらまいていたということだ。そのＥＭ米のとぎ汁発酵液に、目に見えた黒いカビ以外にもいろいろな細菌やカビが繁殖していたであろうと推測できる。

・校長がリードして、先生方をこのようなリスクがあることに従事させたことは問題だ。

・このような重大事を教育委員会が放置していたら、それも問題だ。

・比嘉氏の著作を全面的に信用したのだろうが、最初の著作『地球を救う大変革』からすでに、内容的には非科学的なことが書いてあった。そういうものを学校に持ち込み、先生方に散布を行わせるのは重大な問題である。

7　比嘉氏のEM神様説を支える科学者

「EMの本質的な効果は縦波重力波」

比嘉氏は、ＥＭ情報室 ＷＥＢマガジン エコピュアに連載している「新・夢に生きる」で、「私はＥＭの本質的な効果は、関英男先生が確認した重力波と想定される縦波の波動によるものと考えています」（第5回 ＥＭや波動はエセ科学か?）、「私はＥＭの発する万能的な不可思議な波動は、様々な思考の末に、関英男先生が提唱している重力波であると考えるようになりました」（第１０４回 ＥＭの機能と重力波）などと述べている。比嘉氏は、「ＥＭには、容器を突き抜けるある種の波動がある」と考えて、その波動を関氏の言う「重力波」だと確信しているという。

なぜ、比嘉氏は、ＥＭの発する波動を関氏の重力波と考えたのだろうか?

「新・夢に生きる」（第１０４回 ＥＭの機能と重力波）によると、具体的には、次のことからだ。

・関氏の重力波は縦波の波動で、二次元の横波の電磁気と異なり、立体波の三次元である。

・関氏が微生物は念波類似の重力波を発生するので物質化（原子転換）を発生する可能性があると述べており、関氏は小牧博士の微生物による原子転換を高く評価。ＥＭも原子転換力がある。
・関氏の重力波セラミックスによる結界の内部に一度使用したカミソリの刃を24時間おくと欠損部分がなくなり刃先が再生するという実験は、ＥＭセラミックスでも同様に起こる。

以上のようなことから、比嘉照夫氏は「ＥＭの不思議な現象は、ＥＭが発生する重力波によるものである」という確信を得た。その重力波（縦波）は、最近直接的な検出に成功した自然科学の重力波（横波）ではないことに注意してほしい。

私は参考文献として、関氏の著書『高次元科学――気と宇宙意識のサイエンス』（中央アート出版社、１９９４年）、『生命と宇宙――見えてきた生命と宇宙の仕組み、その起源』（飛鳥新社、１９９８年）、『宇宙学序章――グラビトニックス』（加速学園出版部、２０００年）などを読んだが、正直頭がクラクラした。その関氏の世界を信じてしまう比嘉氏のトンデモぶりにも思いを馳せてほしい。

電波工学の世界的な権威

比嘉氏がいうEMの効果を支える、自然科学の横波重力波とはまったく異なるオカルト的な縦波重力波を確認した関英男氏とは、一体どんな人物なのだろうか。

関英男氏（1905―2001年）はもともと電気工学者である。東京工業大学電気工学科を卒業後、国際電気通信株式会社研究員の後、東京工業大学、千葉工業大学、電気通信大学講師を経て、電気通信大学教授、ハワイ大学客員教授、東海大学教授を歴任。電波工学の世界的権威として知られた。

1970年代ごろから、関氏は、「科学では解明できない神秘」にも興味を持ち、傾倒していったようだ。

私が関氏を知ったのは、1970〜80年代に起こった「スプーン曲げ騒動」のころだった。数少ない「スプーン曲げは超能力」と肯定する科学者の一人としてである。

関氏は、電気通信大学を退職し、ハワイ大学に赴任する前の66歳のときに、『情報科学と五次元世界』（NHKブックス、日本放送出版協会、1971年）を出した。本書の大部分はまともな情報科学について解説しているが、「神秘」への傾倒の先駆けになる内容がふくまれている。それは、「死者との間の双方向通信が可能だ」という主張で、幽子情報系の仮説とグラビトンが登場する。

関氏が名前をつけた「幽子」は、〝かすかなもの〟という意味を持ち、どんな物質をも通りぬけるほど小さいもので、幽子が集まって幽子情報系を作っているという。関氏は、この幽子を介して、あの世、つまり死者とも双方向通信が可能だ、と主張した。

グラビトンは、重力の場が量子化した重力子、つまり重力波を粒子として見たときのものだ。このグラビトンという言葉は科学用語としてある。

関氏は、この幽子情報系とグラビトンを「グラビトンは幽子情報系から発生する可能性が多分にある」という形で結びつけている。つまり、この世の双方向通信は、電磁波が介するが、あの世の双方向通信は重力波が介する可能性に言及していたのだ。

また関氏は、超能力としてのスプーン曲げについても幽子を持ち出し、超能力者から放出された幽子が、スプーンを構成している分子を結合させている電子に変化を起こさせ、分子間の結合力を弱めたせいだとした。

光の何十桁も速い「念波・天波」

関氏はその後、「念波・天波」「縦波重力波」の考えを深めていった。

自然科学においては、空間が歪んで伸び縮みする重力波は横波の一種で、音波の疎密波

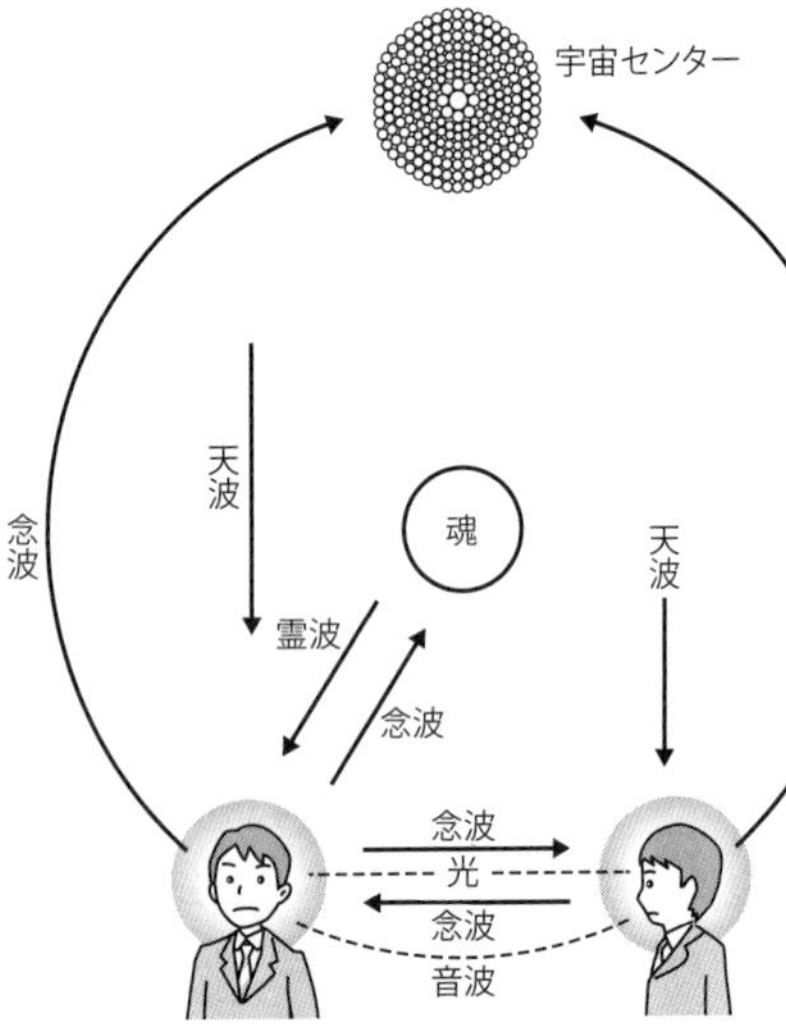

天波と念波の組路（関英男『生命と宇宙』より）

のような縦波ではない。しかし関氏は、横波の電磁波では光速度を超えられないので、宇宙空間では、実際に情報を運ぶのに役立っているのは「念波と天波」だと言う。念波・天波は縦波で、電磁波に比べて格段に高い周波数（振動数）だ。念波・天波は遅いものでも光より30桁くらい速い、中でも速いものは90桁ほども速いという。

「念波」という言葉は、宇宙創造神からの言葉を人間界に伝えるチャネラーとして選ばれたという田原澄女史（１９１４—65年）から関氏が教えられたものだという。「天波」は、１９９７年に関氏が気づいて命名したものだ。関氏は、念波・天波は縦波重力波と同様のものと考えている。

左記は関氏の念波・天波論である。

- 念波と天波の違いは、念波がエネルギーは微弱で情報の通信がメインであるのに対し、天波はそれ自体がエネルギーを運ぶ役目をしており、非常に強いエネルギーをふくむ。
- 宇宙センターは、四方八方に念波と天波を放射している。宇宙にあるすべての星からは、それぞれの星に特有の、強弱さまざまの天波が放射されている。
- 大多数の星からは可視光線は放射されず、普通は人の目に見えない天波が放射されているのが常だ。
- 宇宙センターからの念波と天波は、地球にもやってきていて、地球上の人間一人一人をとらえて、監視した結果を宇宙センターに送り返している。

関氏に影響を与えた人々

関氏に神秘への傾倒を加速させ、念波・天波や宇宙構造説に影響を与えた人物は何人かいる。

まずは、田原澄女史だ。

田原澄女史は、「ザ・コスモロジー」（宇宙学）の創始者で霊媒師である。彼女は、宇宙創造の神様（宇宙センターに存在している）と私たちの間にいる取次の神様の託宣を受け、

「地球はこれから優良星界に変わる。ぜひ、洗心をして、心がけの正しい人物を大勢作るようにしなさい」と伝えている。以降、「ザ・コスモロジー」では、すべての学問の基本として宇宙学が誕生し、洗心はその基本理念にすえられるとしている。

関氏は、もちろん、宇宙創造の神様から念波で彼女に送られてくるという田原澄女史の話を全面的に信じた。関氏の「縦波重力波」説の中の精神科学で、「洗心」は重要な位置をしめている。「洗心」とは宇宙創造の神が勧める霊性を高める方法で、強く・正しく・明るく・我を祈り、宜しからぬ欲をすて、皆仲よく、相和して・感謝の生活をなせ、というものだ。

また、関氏はティモシー・ワイリー氏からもいろいろ教わった。ワイリー氏は、ET（地球外生命体）のことを何十年も研究してきたイギリス生まれのアメリカの著述家で、あらゆる動植物と話をする能力がある人物だ。関氏の本に、ワイリー氏がイルカから教わったこととして、「イルカは、3万5000年前にシリウス星から瞬間移動で地球にやってきた」という話が紹介されている。

さらに、関氏が全面的に信頼をおく人物に、オスカー・マゴッチ氏がいる。マゴッチ氏は、関氏と非常に親しいノストラダムス研究家の池田邦吉氏と宇宙旅行で行動を共にしたことがあるという。2人はこの旅行で、幽体離脱して宇宙創造の大神様と対面したのだそうだ。

関氏の宇宙構造論

関氏は、マゴッチ氏らの宇宙旅行の話を信じて、宇宙構造論を生み出した。

「宇宙は、パラダイスともいわれる宇宙創造の神様がいる中央宇宙とそのまわりの７つの超宇宙からできています。７つの超宇宙は、それぞれ70万の局部宇宙をふくんでおり、さらに各局部宇宙には１０００万の惑星が存在しています。１つの超宇宙には住人の住める惑星が１兆個あるといいます」

関氏が書いた『宇宙学序章――グラビトニックス』という小さな本の表紙には、この宇宙構造図を載せている。

関氏は、マゴッチ氏の言う、「宇宙センターは、全体の形は球体つまり玉で、さらにその中にたくさんの玉が密集して集合していて、さらにその中心が宇宙創造の大神様がいる場所で、全体が金色、金白色の光のようになっている」というのを信じて、宇宙センターを具体的にイメージしたようだ。

ちなみに、マゴッチ氏の宇宙旅行を案内してくれたのは、３万５０００歳のクェンティン氏だ。彼は、創造主の信任により地球担当の司令官を命じられている。その宇宙旅行では、宇宙センター付近までUFOで行き、そこから体外離脱で宇宙センターに行き、宇宙創造神と対面したという。

このような人たちの話を全面的に信じて、それらが関氏にとっての「新発見」になっていった。

「太陽の表面は26℃で人が住んでいる」

関氏は「太陽の表面は26℃で、地球人類よりずっと高いレベルの人類が住んでいる、黒点は森林地帯である」と信じていた。

関氏によれば、太陽の表面が26℃の理由は次のようなことだという。

> 太陽からは、非常に強力な天波が出ています。その高いエネルギーは、光と違って非常に速く、瞬時に地球に届きます。地球の近くまでくると、そこには地球のバリヤーといえるような空間層があります。バリヤーの中では、地球から出た天波と太陽から来た天波とが干渉を起こしています。この地点で熱と光が発生するのです。ですから、見かけ上は太陽が非常な高温で燃えており、非常に強い光を出していて、まぶしくて直接見られないような状態に観測されるのです。

このバリヤーは透明で、しかも地球と太陽間の現象です。ですから、天文学の天体望遠鏡などでは、あたかも直接太陽を観測しているように思っていますが、実際には干渉現象だけを観測していることになります。しかし一般の自然科学では、こういった説明はいい加減なデマとして一蹴されてしまいます。

しかしながら、これは私としても曲げることができない事実です。私はどのような非難を受けようと、絶対の自信をもっていつも申し上げております。多くの能力者の方にも、私のこの見解をお話ししてきました。彼らもすべてその通りだと同意してくれています。

他にも、関氏はいろいろとおもしろいことを述べている。

- 夜空に星がまたたくのは、干渉で可視光線に変換されて、あたかも星が光っているように見えている。
- 金星は優良星でそこにすむ植物たちは人間にお辞儀をしてくれる。
- ガン、エイズの本当の原因を新発見！　原子を作る陽子には意識があり、中性子には意思がある。陽子の形が歪むとエイズに、中性子が歪むとガンになる。

関氏を信じた比嘉氏、比嘉氏を信じた向山氏

比嘉氏は、このようなオカルト世界の妄想全開の関氏を信じてしまう人だったが、その比嘉氏とEMを信じ切って学校の授業にEMを取り入れたのは、TOSSの向山洋一氏だ。

手元に、向山洋一『EMを学び、教える　環境教育はこれで一変する』（サンマーク出版、1996年）という本がある。

同書の「まえがき」は、「EMは、日本が生んだノーベル賞級の革命的発明です。この発明は、子どもたちが直面している問題に解決の方向を与えてくれます。子どもに明るい未来を約束してくれるのです」という文章から始まっている。

同書が出た当時、すでに比嘉照夫『地球を救う大変革』と『地球を救う大変革　2』（サンマーク出版、1994年）が各25万部、14万部とベストセラーになっていた。

向山氏は、これらの本に感動したのだろう。そして、「EMは、日本が生んだノーベル賞級の革命的発明です」と確信した。

もちろん、その後20年余の間に、比嘉照夫氏がノーベル賞候補になったという話はまったくない。それどころか、EMは「ニセ科学の代表的な存在」ととらえられて批判の対象になっている。

向山氏は、科学っぽい雰囲気に弱く、わかりやすい「物語」に弱い、という面を持った人間だと私は考えている。前出の向山氏のＥＭ本に書かれていることから、その証拠をあげてみよう（文意を変えないで、文章を一部手直ししている）。

・ＥＭは、トイレの排水などを数日で飲み水のレベルにまで浄化する
・ＥＭで農産物の収穫量が格段に増える
・微生物は、大半は日和見的な性質を持っていて、勢力の強い微生物のいいなりになる。蘇生型のＥＭは一握りでもボス的微生物になって、農薬などで崩壊型になった土を蘇生型にすることも可能である
・比嘉照夫氏が「病原菌は１００度で死ぬけれども、ＥＭは８００度でも死なない」とセラミックの可能性を話された。セラミック、つまり人工の陶器の中に、ＥＭを入れることも可能である
・子どもたちが「『お風呂にＥＭを入れると、水がきれいになって気持ちがいいんだ』とか、『お米に入れると古米でも新米みたいに炊けるんだよ』なんて話をしていましたね」（山口県の槇田健氏の言葉を引用）
・「波動というのがあってね、〝バカヤロウ！〟と言って育てるのと〝大きくなって

ね〞と言って育てるのでは、植物の大きくなり方がちがうんだよ。いいことを言って育てるほうが、ずっといいんだよ――」「小学校2年生に、超能力のあるEMと悪い微生物をわかりやすく説明できるか悩みに悩んで思いついたのが、子どもたちが大好きな、やなせたかしさんの絵本の〝アンパンマンとバイキンマン〟だったんです」「アンパンマンのお面を子どもの一人にかぶってもらい、三好氏がバイキンマンのお面をかぶり説明しました。土のなかに微生物はたくさんいます。いい微生物＝アンパンマンを集めてきたのは、EMくんです。EMくんは安全です。EMくんは、超能力を持っています。生ゴミもいい堆肥に変身させてくれます」（山口県の三好保雄氏の言葉を引用）

・（TOSSの前身団体である）教育技術の法則化のメンバーでも、この「波動」に注目して、栽培学習に取り入れているメンバーが数多くいる

これらのことから、向山氏は比嘉氏の言うことを丸ごと信じていることがわかる。

当時、比嘉氏は全国の講演で、「EM農法で作った米の上にタバコを乗せると、ニコチンがビタミンに戻るんです。マイルドになる。コーヒーも同じ。お酒が好きなら、安い焼酎を買ってきて、この米を中に一晩入れておけば、たちまち〝下町のナポレオン〟に早変

わりします」「ＥＭ清涼飲料水は末期ガンやC型肝炎に効果が高い。ＥＭを撒いた土の上にムシロを敷いて寝るだけで病気が治ります」などと、ＥＭの万能性を宣伝していた（斎藤貴男『カルト資本主義』より引用）。

向山氏のＥＭ本にはなかったが、彼が読んで参考にしたであろう比嘉照夫『地球を救う大変革』の初版には、次のような言葉が散らばっていた。

・ＥＭは難病まで治す効果がある
・ＥＭは人体には無害でそのまま飲める
・水には情報転写力がある。悪い情報を転写した水は何をしようが悪い水になるがＥＭには情報転写体を解除する力がある
・ＥＭで重金属が分子状になる
・ＥＭでいろいろな元素も純粋になって、それぞれの分子の持つ特有な波動を出すようになる
・理想をいえばクラスターの細かいよい水を作り、よい情報を転写した水を飲むことにつきる
・ＥＭは磁気共鳴分析（引用者注：まったくのニセ科学）による毒性検定の結果におい

て、まったく安全
・ゼミで居眠りをする学生、宿題を忘れたり、理解力に劣る学生に抗酸化物質を飲ませてやると、居眠りしなくなり、よく勉強するようになって理解力も高まってきた
・波動にも水に転写すると抗酸化力を持つようになるものがある
・EMをまいた畑にムシロを敷いて横になっているとリフレッシュされる人が大勢いる。中には心臓病がよくなった人もいる
・精神的な病、心のゆがみで活性酸素がでる
・病気の原因の四番目は霊的な問題。人間の業《ごう》というか、欲の深さからくるとも考えられる
・霊界というものがあり、透視とか超能力が発揮できるとしてもそういう力はすべての人のために高度な次元で発揮するべき
・ホメオパシー治療に対して保険が通用する国も増え始めている。わが国の医療も薬漬けの巨大な金食い虫と化した現状にメスを入れるべき時期

普通の科学リテラシーを持つ人なら、「EMは、日本が生んだノーベル賞級の革命的発明です」などと持ち上げることができないような代物だとすぐにわかるだろう。いくらE

Ｍに対する批判が少なかった時期だとしても、向山氏の科学的な思考力・判断力は非常にお寒く、低劣だと言えるだろう。

また向山氏は、トンデモ波動の考えに引っかかっていることが前出の著書からもうかがえる。

トンデモ波動の考えは、「あらゆるものは、波動性と粒子性をもつ波動を出している。ものそれぞれに固有の振動数がある。同じ振動数の波動が出会えば共鳴が起こる。波動は他のものに転写できるし、悪い波動をよい波動で消すことができる」などというものだ。

厄介なのは、物理学の用語でも、素粒子の波動性と粒子性があるし、共振と共鳴という現象もあることである。

しかし、トンデモ波動が物理学の波動と大きく違うのは、「言葉にも波動がある」「体内の臓器も個々の振動数をもっているので、その波動をはかれば病気がわかる」「その病気を波動で治せる」「水のもつ情報は記憶したり転写できる」などと言いだすことだ。

向山氏は、自然科学の「波動」ではない「トンデモ波動（オカルト波動）」にも注目していたことから、この後、ＴＯＳＳが「水伝」にはまるのも当然のことだったと思える。

第4章　学校にニセ科学を持ち込んだ右翼教育団体

TOSSの前身「教育技術の法則化運動」

すでに何度か出てきたTOSS（トス：Teachers' Organization of Skill Sharing〔教育技術法則化運動〕の略）の前身は、1984年に向山洋一氏が立ち上げた「教育技術の法則化運動」だった。向山氏は、教育書出版社大手の明治図書の雑誌で、全国の教員に対して「教育技術、教育指導のスキルを、互いに情報交換しよう」と、法則化論文の投稿を呼びかけていた。

そのころ私は、東京大学教育学部附属中・高等学校教諭で、理科教育についての民間教育研究団体である科学教育研究協議会（略称、科教協）が出している月刊雑誌「理科教室」の編集委員を務めていた。その後、科教協の事務局長にもなった。そんな立場で、私は教育技術の法則化運動の有様を横から見ていた。

向山氏が自分の教育技術だけではなく、すぐれた先輩教員のそれも取り込んで法則化論文として投稿しよう、というのは、運動方法論として上手なやり方だと思った。

教育技術の法則化運動は、地方にいて全国的レベルでの発表の機会が少ない野心的な若手の教員たちを惹きつけていった。法則化論文をまとめた教育技術の書籍が続々と発行され、各地に法則化サークルができた。

私は、法則化理科研究会に関係するようになった。その代表の小森栄治氏は、科教協や仮説実験授業研究会からもよく学んでいた中学校教員だったので、私には違和感があまりなかった。当時は、向山氏のオカルティストの一面や右翼的な考えの持ち主という面をわかっていなかったこともある。

教育技術の法則化運動の理科に注文

「現代教育科学」１９８７年９月号（明治図書）では、「『教育技術の法則化』論文への注文」を特集した。私は、依頼に応じて「第３期『理科教材の授業技術』を読んでの注文」を執筆した。いきがっていた30代の私には教育技術の法則化運動に対して、失望感と期待感とがあった。掲載された文章を簡略化して紹介しよう。

・ガッカリ

もっとレベルを上げよう

はっきり言って、私は、理科で二冊にまとまった本書に多くの期待をしていた。向山さんの〝まえがき〟を読むと、合格論文の倍率が高く、質も向上したとのこと。今までは、私たちがとうの昔にクリアした実験教材が紹介されていた。今度こそ、「教育技術の法則化」の名に恥じないものが集載されると思っていた。

しかし、教科書の実験にちょっと手を変え、品を変えてみる。あるいは、教育実習生がよくやる程度のレベルの論文でいっぱいであった。自然科学の基本的な事実、概念、法則をすべての子どもにわかるように、という方向性を持つ教材が少なかったから、ガッカリしたのである。

・実験教材だけ抜き出すと盗作になる可能性がある

気になったのは、「植物の葉のでんぷんを簡単に、安全に調べる方法——たたき出し法」という論文だ。指導主事から教えてもらったとあるが、この方法にはちゃんとした開発者がいるし、すでに教材屋のセットにまでなっている。教えてくれた指導主事に聞けば、すぐわかることだ。このような実験教材も、「厳選した」論文の中に加わり、「教育技術の法則化」のオリジナル論文になってしまうのでは、まるで「教育技術の盗作化」じゃないか。

ただし、授業構造の中で、この方法を位置づけたということなら、話は別だ。

この論文について、本人に確かめる機会があった。彼は、植物の授業についての発問・指示を論文にして応募したのだ。その中から、向山さんや審査委員会はたたき出し法の説明だけを抜き出していた。原文は日教組の全国教研のレポートになっており、教科書教材を抱える展開で、その中でたたき出し法は非常に重要な役割を担っている。子どもたちの認識状況がよくわかるし、その変容へ向けて組織していた授業の発問・指示も明確で、すぐれた実践記録となっている。私からすれば、向山さんたちが「厳選した」論文のレベルよりずっと上であった。ともあれ、盗作にならないよう気をつけよう！　これも注文の一つである。

・何を勉強するか

ガッカリはしたけれども、私は「教育技術の法則化」運動への期待は捨てていない。理科教育の面では、きっと、まだ一歩を踏み出したに過ぎないのだろうから、これからが見物だと思っている。

向山さんの著書『すぐれた授業への疑い』（明治図書、1993年）を読んで、向山さんのけんかのうまさにうなった。それだけが頭に残った。「教育技術の法則化」運動が姿をあらわしはじめたとき、授業についての研究会の後の飲み会で、何度、向山さんをサカナにしたことだろう。向山さんは、私にとっての刺激剤だった。

向山さんは、「今までの教科書のほとんどは、役に立」たないと述べている。でも、私などが属しているのは理科教育についてのわが国最大の民間教育研究団体＝科学教育研究協議会は、実践的・理論的成果を世に問うてきたつもりだ。理科をやるなら、少しはそれらを勉強してほしい。

これについて、向山氏が「左巻健男さんの言う通りだ」と記していたのをなにかで読んだ記憶がある。教育技術の法則化運動の理科分野は弱いということを自覚していたのだろう。

向山氏は自分を教祖化していた

教育技術の法則化運動の代表的な雑誌は、１９８６年創刊の「教室ツーウェイ」（明治図書）だった。

「教室ツーウェイ」の趣旨は、次のようなことだ。

ツーウェイとは双方向性という意味です。今までの教育文化はワンウェイ（一方通行）でした。わかりにくい文を、現場の教師が無理して読むという傾向がありました。本誌は、すぐれた教育技術の共有財産化をめざす、誌面を現場教師に開放した新しいシステムの雑誌です。

書店で「教室ツーウェイ」を立ち読みした私は、まるで向山氏を宗教の教祖として、信者の群れが崇め奉るような内容に辟易《へきえき》した。向山氏が意識的にそうした方向性にしたのだろう。

いわば〝向山教〟の〝信者〟にとっては、ＥＭ環境教育などは、クリティカルに検討すべきものではない。追試（実験をその通りに確かめること）の成功例も多々あるすぐれた授業なのだろう。

明治図書の公式サイトを見ると、明治図書から発行された「教室ツーウェイ」は２０１５年３月号で休刊しているようだ。現在は、学芸みらい社から「教室ツーウェイＮＥＸＴ」が発行されている。

教育技術の法則化運動はＴＯＳＳに衣替え

その後、教育技術の法則化運動は２００１年に解散し、２０００年に開設したＴＯＳＳランドというウェブサイトの運営を続けて今に至っている。ＴＯＳＳの会員数は１万人超。今ではわが国最大の会員数をほこる教育団体になっている。

教育技術の法則化運動から時が経ち、明らかになったのは、向山氏は単に科学リテラシーが弱いのではなく、確信的オカルティストだということだった。

向山氏がEM関連本を出版したり、その中でトンデモ波動（オカルト波動）の考えに賛同したり、「水伝」授業は、誰でも追試可能な（真似ができる）指導案としてTOSSランドに掲載されていた。

またTOSSは、向山氏が信じたEMで環境問題はなくなるという指導案や「エネルギー問題解決には原子力発電推進しかない、原子力発電万歳！」という教育をしてきた。さらには、「ゲーム脳」のようなニセ脳科学教育もある。歴史修正主義の歴史教育もある。

そういう人がTOSSの代表であり、別の教育方法（彼らにとっては異端）を切り捨て、オカルトやニセ科学教育などを進めていたのだ。

TOSSから離れた教員

教育技術の法則化運動時代に、それまでやる気はあるのに全国的な教育雑誌に発表の機会が少なかった若手教員がたくさん参加した。

その中には向山信者のままの教員が多いが、「どうも自分の考えと違うな」と遠ざかった教員もいる。

その一人が、私の友人で、元ＴＯＳＳの宮内主斗さん（茨城県の公立学校教諭）だ。今は閉鎖したが、私が運営していた「理科教育メーリングリスト」にその理由が書かれている。


私がＴＯＳＳと縁を切ったきっかけを紹介します。

「教育トークライン」という雑誌が出ていました。

その雑誌で、オウム真理教の活動が華やかな頃、「向山の見た不思議な世界」という特集がありました。１９９５年ごろです。

そこに、長崎の喫茶店「あんでるせん」で、「超能力」ショーを見てきた向山さん一行がその内容を書いてました。

腕時計の針が急激に動き出す、ルービックキューブを投げ上げるだけで６面が揃う、空中に浮いた電球が光る…、これらを解明不能、従って超能力と断定していました。

しかも、「人間には信じられない不思議な力があるのだ」と感動して書いている人が並んでました。

私は呆れました。

私は法則化の向山さんには教師として育てて頂いたという恩義を感じてますし、尊敬もしていました。

でも、「その程度の科学リテラシーだったのか。」と大変落胆した思いがあります。しかも、周りはほとんどイエスマンの教師達でした。それにもガッカリしました。現在では、TOSSと縁を切って本当に良かったと思います。まあ、向山さんにすれば、私を破門にしてやったと思っているでしょうけどね。

文章内に登場する長崎の喫茶店「あんでるせん」は、マスターのマジックショーが人気のマジックカフェだ。問題は、マスターがそのマジック類を超能力と称していることにある。客にはそう信じている人もいる。向山氏もその一人だった。しかし、マジックに長けている人、私と宮内さんの共通の知人である、『「超能力」授業入門（講座・超常現象を科学する）』（かもがわ出版、1998年）著者の田中玄伯《つねみち》さんのような人は、超能力ではなくマジックであることを見抜いている。

宮内さんは、「かつて出た（エネルギー教育関連の）会議で、向山さんが『超能力のような不思議なことがあると思う人？』と挙手を求めたとき、ほとんどの教師（100名近く）が挙手してました」とも述べていた。

宮内さんは小学校や中学校で勤務してきたが、中学校では理科の教員だ。向山氏のオカルティストの側面に嫌気がさしてTOSSから遠ざかったのだろう。

向山氏は教育系右翼

「教育技術の法則化運動」発足当時の向山氏は、格別の思想性を打ち出しているようには見えなかった。しかし今や、明確な思想性を出し、教育系右翼の代表とも言える人になっているのだ。

向山氏は日本教育再生機構代表委員である。彼が代表委員を務める日本教育再生機構は、愛国心教育を徹底し、歴史修正主義的な育鵬社の教科書を使うことを主張する団体だ。

２０１５年11月には、下村博文元文部科学相が代表を務める自民党東京都第11選挙区支部が、下村氏の文科相在職中にＮＰＯ法人ＴＯＳＳから献金を受けていたことがニュースになった。特定非営利活動促進法では、ＮＰＯ法人に特定の公職にある者を支持することを目的としないよう規定しているので、違反行為である。ＴＯＳＳは「法人代表個人の献金が、手続きミスで法人名となった。訂正をお願いしている」と釈明したが、法人代表個人とは向山氏のことである。なお、ＴＯＳＳは文部科学省委託事業を受託している。

ＴＯＳＳは開催セミナーに、安倍晋三首相と山谷えり子参議院議員からの「応援メッセージ」が寄せられていることや、安倍首相や下村博文元文部科学大臣と親密であることをチラシでアピールしている。

安倍首相は同じようなオカルティストで教育系右翼の向山氏を代表とするＴＯＳＳに、日本の教育へ寄与することへの期待感を持っているように思える。これは、安倍首相夫妻が信じている「水伝」などのニセ科学教育、親学《おやがく》（詳細は5章で述べる）、原子力推進教育（詳細は第7章で述べる）を担ってくれることへの期待だろうか。

第5章　脳をめぐるニセ科学

1　脳についての知識

脳をめぐってはさまざまな怪しい科学、ニセ科学が満ちあふれている。はっきりした根拠がなくても「脳から見れば……」「脳科学によると……」と〝脳〟を枕ことばのようにつけて話せば、なにか信憑性が上がるような雰囲気になっていないだろうか。

これから、脳に関するニセ科学を紹介するが、脳について知っておくと理解しやすくなる。そこで、人の大脳の運動野の領域マップと脳波、脳を調べる新技術について、それぞれ紹介しておこう。

人の大脳皮質の領域マップ

「21世紀は脳の世紀」と言われ、脳の研究が進展している。かつては脳のしくみは、内部がわからないブラックボックスに喩えられ、科学的な研究対象として難しいものだった。

1950年にモントリオールのワイルダー・ペンフィールドによって、大脳皮質の感覚野（感覚をつかさどる領域）、運動野（運動をつかさどる領域）のどの部位が体のどの部位の感覚、運動に対応するかを、人の脳でマッピングしたものが出版された。これは脳のどこ

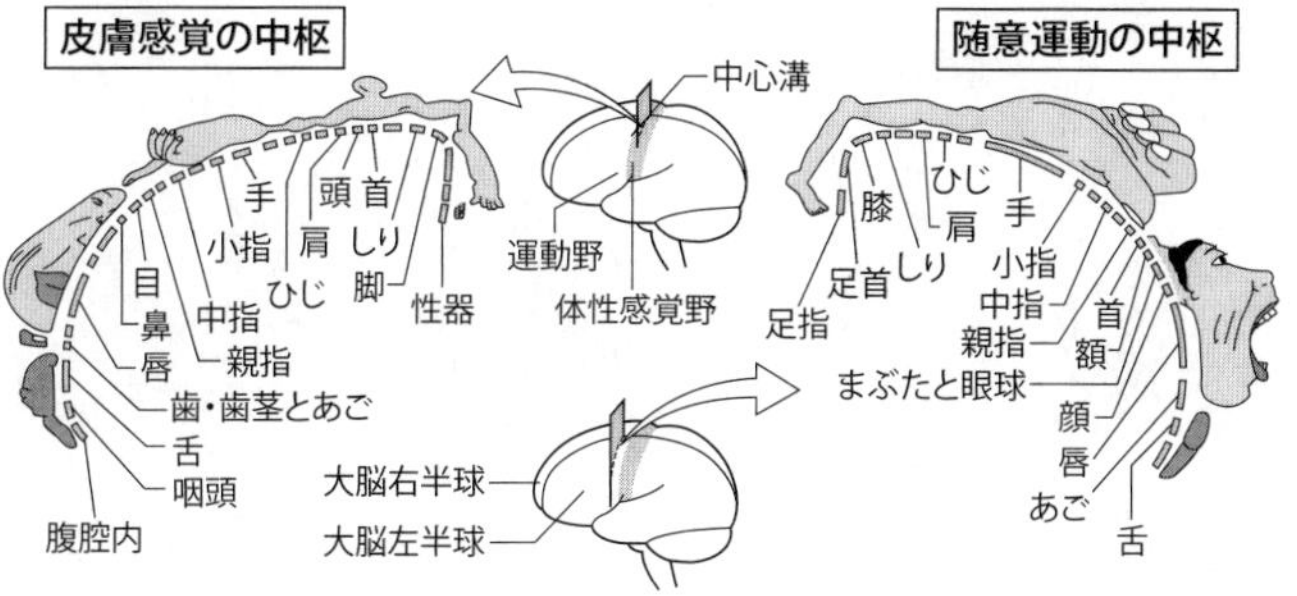

ペンフィールドのホムンクルス

を刺激すると体のどこが感じるか、また、脳のどこを刺激すると体のどこが動くかを、脳外科手術中の患者の脳でマッピングしたもので、現在でもそのまま通用する正確なものだ。

このマップをペンフィールドが作っている最中のことを、サンドラ・ブレイクスリー、マシュー・ブレイクスリーが『脳の中の身体地図』（小松淳子訳、インターシフト、2009年）に書いている。要約的に紹介しよう。

1930年代、モントリオール神経学研究所脳外科医だったペンフィールドは、意識のある患者の頭蓋を切断し、脳のふたをぽっかり開ける手術を、余人に先駆けて行った。この手術は、脳に電極をあて、患者の脳組織の問題部分を見つけて切除できる。

脳には痛覚受容器がないので、局所麻酔だけですみ、電極をあてて調べている間に患者に心の中で起きていることを、実況中継してもらう。何十ものスポットに電気刺激をあて、そのたびに「何か感じますか？」と聞き、その反応を書いた付箋をスポットに貼っていく。20年近くにわたり調べ続けて、脳マップをつくった。ペンフィールドは、脳マップに、遊び心で、ホムンクルスというニックネームをつけた。小人《こびと》を意味するラテン語である。

ペンフィールドのホムンクルスの右側を見ると、手や指が道具の操作や道具使用の生活でとても重要だということが直感的にわかるだろう。足は歩行の重要性、顔（とくに舌と唇）は言語の重要性を示している。

脳波とは？

脳波とはなにかを知るには、まず、神経細胞のことを理解しておかなければならない。神経細胞は、急激に立ち上がり、ごく短い継続時間でまた急激に降下するような波形の電気信号（活動電位という）を神経終末に送る。神経終末は他の神経細胞の先端に接し、神経細胞間の接合部になっていて、その部位はシナプスと呼ばれる。そこに情報を送るときには、電気ではなく神経伝達物質を使う。神経伝達物質を受けた他の神経細胞はシナプス電位という電気信号を発するが、この電位が十分に大きくなると活動電位を発生するるようになり、その電気信号が神経終末に送られる。このようなことが行われて、情報が神経細胞間を伝わっていく。

脳波は、神経細胞からなる大脳皮質の表面近くで生じたシナプス電位や活動電位などの電気的な変動を頭部に付けた電極でとらえ、増幅し、波形として記録したもののことだ。

脳波から覚醒・睡眠の別、脳の機能障害（てんかん、意識障害など）の有無、およびその程度や広がりなどを知ることができる。

基礎的な脳波には、アルファ波とベータ波がある。他にデルタ波やシータ波もある。周波数（1秒間に繰り返す波の数）は、アルファ波が8〜13ヘルツ、ベータ波が14〜30ヘルツである。

健康な成人の覚醒、閉眼、安静時の脳波はアルファ波にベータ波が混入している。開眼、計算などの作業時の脳波ではアルファ波が消え、ベータ波に置き換わる。

脳を調べる新しい技術の進展

脳科学がめざましく発展している背景に、脳の活動の様子をそのまま映像化する技術（脳イメージング）の進展がある。

人の脳活動を頭皮の外から測定する方法としては、古くから脳波測定が行われてきたが、脳波測定は空間分解能（信号源の空間位置をどれだけの精度で決定できるか）で著しい限界があった。

そこで、１９８０年代半ばにＰＥＴ（陽電子を用いた放射断層映像法）が登場した。神経細胞が興奮するときには、エネルギー源として糖が必要になり、糖代謝が活発になる。ＰＥＴは、糖代謝の程度をはかり、それを色分けして画像化できる。

さらに、ｆＭＲＩ（機能的磁気共鳴断層映像法）は、被験者の放射性同位体による被曝がなく、より完全に非侵襲的（体を傷つけないこと）であり、したがって同一被験者での繰り返し測定が可能だ。また、空間分解能も脳波測定よりすぐれている。

ＰＥＴやｆＭＲＩでは、大脳新皮質のどの部分に血液の流れが集中しているかを映像として見ることができる。脳のある一部分が活発に活動しているときは、必要な酸素や栄養分を得るためにその部分の血液量が増えるからだ。

他にも脳の活動の様子を、神経ネットワークの電気的活動の変化として脳波よりも詳しくとらえることのできる脳磁図計測法（ＭＥＧ）などがあり、それぞれ一長一短がある。

ただし、これらの技術を用いた研究を見るときには注意点がある。

（1）脳内の代謝量や血液量の変化をはかっているだけで、神経細胞の活動を直接はかっているわけではないのでそれを見てある部位が活性化していると安易に結論づけることはできない。
（２）未だ個々の神経細胞のレベルの活動ははかれない。はかれる最小単位には数10万個の神経細胞がふくまれている。
（３）画像化すると活性化した部位は赤色などで着色されて示されることが多い。これはその部位が統計的に有意差があるということで他の部位がまったく活性化していないわけではないので着色部位だけがその機能を担っていると単純に結論づけることはできない。

（信原幸弘ほか編著『脳神経科学リテラシー』勁草書房、２０１０年）

この注意点を知っておくことで、脳をめぐるニセ科学を見破ることができることもある。

２「神経神話」に注意

脳に関する情報には、昔から多くの人に信じられているものもふくめて、誤った情報や、根拠のない情報が少なくない。

経済協力開発機構(OECD)教育研究革新センターは、それらの不適切な情報のうち、とくに影響力の強いものを「神経神話」と名づけて、注意を促している。

その神経神話には「私たちは脳の10%しか利用していない」「右脳型の人と左脳型の人がいる」「脳に重要なすべては3歳までに決定される」などがある。それぞれを解説しよう。

神話1「私たちは脳の10%しか利用していない」

これは、脳には多くの隠れた能力があって、それを使い切っていないという主張だ。10%という数字は客観的なものではなく、脳機能の一部分しか使っていないということを示したのだろう。これは、脳の各部位のはたらきがよくわかっていなかった時代に生まれた考え方である。

脳は全体重の2%の割合だが、エネルギー消費は全体の20%を占めている。もし、このような器官を90%も遊ばせるように人間が進化していたら、あまりにも非効率で、自然界で適応できずに滅びていたことだろう。

ペンフィールドがやったような脳神経外科手術中の脳の電気的刺激でも、脳が休眠していて、知覚、感情、また運動が引き起こされないような領域は明らかにならなかった。脳イメージングという計測技術でも、脳内に働いていない領域は見つからなかった。

　睡眠中でさえも、脳は活動している。ただ、脳イメージングで活動部分が赤く見える映像が示されたりすれば、その赤色の部分を見て、そこだけが活動していると誤解する場合があるかもしれない。これはある基準以上の活動度のところを際立たせているのであって、他の部分も活動している。

　この神話は、超能力を肯定するのに使われている。

　スプーン曲げで有名なユリ・ゲラーは著書『Mind-Power Book』で次のように述べている。

「人間の脳には信じられないほどの素晴らしい能力がありますが、我々はそれをフルに活かし切ってはいません。ほとんどの人が使っているのは、せいぜい持てる能力の10%ほどです。残りの90%は本人も知らない未開拓の能力ということになります。普段の生活では、使えるはずの能力のごく一部しか使っていないのです」

　ユリ・ゲラーは、この神話をうまく利用しているようだ。

神話2「右脳型の人と左脳型の人がいる」

　これは、「右脳型の人は直感的であり、左脳型の人は論理的だ」というものだ。

しかし、ある個人の脳における左右両半球のはたらきの違いと、個人間での右脳が優位か左脳が優位かという違いは、別の事柄であり、個人間の違いが存在することを示す証拠はない。

この主張は、脳の左右両半球は異なる役割を担っているという事実からきていると考えられる。左脳は論理的思考にすぐれ、話す、聞くなどの言語能力、計算能力に秀でているので「言語脳」、右脳は視覚情報の全体的な把握や、空間内の操作機能を得意としていて「感覚脳」とも言われてきたことが影響しているようだ。

実は、このことは「都市伝説」のようで、医学的な根拠がない。おそらく、左脳に言語中枢がある人が多いことから、「左脳で言葉を考える」「左脳で理屈を考える」「左脳は論理的なものに使う」という連想が働いたのだろう。しかし、言語中枢がない右脳も言語には関係していて、左脳が障害を受ければ、右脳がはたらき出す。

左右の脳は何カ所かで強くつながっており、その両方を使いながら非常に高度な活動をしているので、いまだ左右それぞれの脳の役割分担についてはわかっていないというのが実情のようだ。

脳イメージングという計測技術で左脳型と右脳型の人に見られるという兆候を探しても見つからなかった。たとえば、言葉に関係する作業をするときは左脳が活性化するというように、活動によって、どちらかがとくに活性化するのは事実だが、誰でもそうなのではない。

神話3「脳に重要なすべては3歳までに決定される」

これは「脳に重要なすべては3歳までに決定される」から、その間に正しい刺激を与えなければ、健常な発達が望めないというもので、俗に「3歳児神話」と言われている。とくにわが国では、「母親自身の手元で育てないといけない」と母親の関与が強調されている。そのことから、3歳までは母親が子育てに専念すべきだという言説になりがちなのだ。

心理学者の大日向《おおひなた》雅美さん（恵泉女学園大学学長）は、赤ちゃん学会で、この神話には、3つの要素があると述べている。

まず第1の要素は、子どもの成長にとって3歳までが非常に大切だという考え方。第2の要素は、その大切な時期だからこそ、生来的に育児の適性を持った母親が養育に専念しなければならないという考え方。そして第3の要素は、もし母親が働く等の理由で、子どもが3歳まで、あるいは就学前ぐらいまでの時期を育児に専念しないと、子どもはとても寂しい思いをして、将来にわたって成長にゆがみをもたらすという考え方、です。

これらの3つの要素には、疑問がある。

第1の要素の幼少期の大切さは誰しも否定できないだろう。しかし、神話にある、「3歳までに重要なすべてが決定されてしまう」には根拠がない。この神話は、3歳までの早期教育を売り込む商売道具に使われている。

第2、第3の要素には、育児を専業で母親が行うことだけが言われている。それには疑問がある。アメリカで、多数の赤ちゃんの成長発達を家族のありようと共に追跡した2つの研究で、結論はシンプルに「子どもの発達は、母親が働くか育児に専念するかという形だけでは議論できない」ということだった。

大日向雅美さんは「母性愛の強調や3歳児神話は近代以降の社会的、政治的、経済的な要請に基づいて作られたイデオロギー」だと述べているが、「3歳児神話」という言葉が、復古主義的な考えの政治家などから出てきたら、注意が必要である。

3　「親学」の「脳科学」はニセ医学・ニセ科学

「親学」は、伝統的な子育てに回帰するためにまず親を教育しなければならない、として考え出されたものである。

提唱者は麗澤《れいたく》大学特任教授の教育学者で、日本会議の政策委員であり、「新しい歴史教科書をつくる会」の元副会長でもあり、靖国神社崇敬奉賛会（会長は扇千景《おおぎちかげ》）が主催する「やすくに活性塾」の塾長も務める、男女共同参画会議委員の高橋史朗氏だ。

高橋史朗氏が理事長を務める親学推進協会という団体があり、同団体を中心に親学の考え方を広める活動が行われている。たとえば、親学基礎講座や親学アドバイザー認定講座などを開催している。

また、親学を推進する超党派議員連盟「親学推進議員連盟」（設立時会長・安倍晋三）もある。メンバーは、現・元総理大臣などそうそうたる顔ぶれで、多数の議員が名を連ねている。設立総会には、TOSS代表の向山洋一氏らも参加した。

その親学でもっとも問題なのは、脳科学にもとづいているとして提唱する次の考えである。

（1）発達障害は親の養育の失敗で発生する障害である
（2）伝統的子育てにより発達障害は予防できる

この親学の考えは、脳科学評論家としてマスコミで活躍している澤口俊之氏が唱える「発達障害の発現は後天的なものであり予防治療が可能だ」という、「発達障害は先天的なものだ」という標準的な医学とはまったく反対の考えをもとにしている。高橋氏は、この澤口氏の説を、子どもをとりまく環境をコントロールして発達障害を予防治療できるとして、親学の重要な根拠の一つにすえている。もちろん、そこには科学的根拠はなく、明確に否定されている考えだ。

2012年5月には、大阪維新の会が親学をベースにした「家庭教育支援条例」を大阪市議会に提出した。しかし、条例に「発達障害はわが国の伝統的子育てで予防・防止できる」と記されていたことから、発達障害の子どもを持つ保護者団体などから「偏見を助長する」と抗議を受け、撤回に追い込まれた。

2012年6月12日付の「毎日新聞」は、「親学議連：『発達障害、予防は可能』…抗議殺到し陳謝」と報じている。

超党派の国会議員でつくる「親学推進議員連盟」が5月末「発達障害を予防する伝

統的子育て」をテーマに勉強会を開いたことが分かった。（中略）
配布資料には発達障害児の育児環境を「（子どもへの）声かけが少ない」とした表や「発達障害児は笑わない」「予防は可能」などの記述もあった。
発達障害は子育ての問題だと受け取られかねない内容に、関係者の抗議が殺到、議連側は最終的に陳謝した。

4　ゲームをやりすぎると「ゲーム脳」になる？

ウソだらけの「ゲーム脳」

「ゲーム脳」は、学校でも盛んに使われた言葉である。

「ゲーム脳」がメディアで取り上げられるきっかけになったのは、2002年7月8日付の「毎日新聞」夕刊1面トップに掲載された記事である。

「キレやすい」「集中できない」「つきあい苦手」ゲーム脳ご注意

毎日2時間以上で前頭前野が働かず

人間らしい感情や創造性をつかさどる大脳の前頭前野の活動が、テレビゲームをする時に目立って低下することを、日本大学文理学部の森昭雄教授（脳神経科学）が脳波測定実験で突き止めた。今秋、米オークランドで開かれる米神経科学会で発表する。ゲーム時間が長い人ほど低下の程度が大きく、ゲームをしない時も活動レベルが回復しないことも分かった。森教授は「ゲーム脳」と名づけ、「情操がはぐくまれる児童期にはゲームの質や時間に気を配ってほしい」と警告している。

その2日後、森氏の書いた『ゲーム脳の恐怖』（生活人新書、2002年）が出版された。また、「週刊文春」が連載で「ゲーム脳」を取り上げたことなどで、『ゲーム脳の恐怖』がベストセラーとなり、ゲームばっかりしていると、「ゲーム脳」と呼ばれる状態になってしまうという話が大きな話題になった。

森氏は独自開発の簡易脳波計でゲーム中の脳波を測定してみたという。

その結果、「ゲームをやっていると脳波の中のベータ波が下がる、この状態が長く続くとベータ波が上がらないゲーム脳人間になってしまう」と主張した。

「いつもゲームをしている人は認知症患者と同様の脳波の特徴を示す」ことを見つけた

として、「その特徴は前頭葉機能の低下を意味している」「ゲームをやりすぎることがその低下を引き起こし、『切れる』子供や少年犯罪の増加の原因になっている」などというのだ。さらには、「ゲームをやり過ぎると自閉症になる」など、だんだん主張が過激になっていった。

それらについて山本弘さんが『ニセ科学を10倍楽しむ本』（楽工社、2010年）や『謎解き超科学』（彩図社、2013年）に、的確な批判を書いているので紹介しよう。

（1）森昭雄氏は脳や神経の研究の専門家ではない。そのため脳波に関する基本的な知識が欠落している。アルファ波を「徐波」（アルファ波より周波数の低い脳波）とするなど『ゲーム脳の恐怖』は間違いだらけである。

（2）本書（『ゲーム脳の恐怖』）をよく読むと、「ゲーム中の脳波は、健常者の安静時の脳と似ている」という理屈になってしまう。つまり、「安静にするのは危険」となってしまう。

（3）「ゲーム脳防止」のために運動を推奨しているが、運動でもゲームでも同じ脳波の動きが出ている。それにもかかわらず、運動はよくてゲームは悪い、としている。

（4）独自開発の簡易脳波計は、脳波にはデルタ波やシータ波もあるのにアルファ波とベータ波しかはかれないようだ。つくった会社も自動券売機や自動販売機、水分計などをつくっている会社で医療機器メーカーではない。脳波のはかり方もでたらめだ。実は同様の方法で他の機関が測定してみたところ、森氏がベータ波だと思っていたのは本物の脳波ではなくノイズであったらしい。

(5) アメリカでも日本でも、未成年者による殺人事件はこの半世紀で大幅に減少している。暴力的なゲームはむしろ増えているのに、事件は減っている。

その上で、山本弘さんは、次のように述べている。

無論、ゲームにまったく害がないとは断言できない。子供が1日に何時間もゲームに没頭していたら、成績は下がるだろう。それに、親が週に15時間も子供にゲームをやらせたり、子供が成人向けのゲームをやっているのに気づかないほど無関心だったりするのは、とうてい教育上良いとは言えない。
しかし、それはゲームではなく親の責任だ。「ゲームばかりしていないで勉強しなさい」と叱ればすむことである。

「ゲーム脳」は明らかに科学の皮をかぶったニセ科学である。そんなものを子供に教えるのは、逆に子供にとって有害だ。

TOSSランドのゲーム脳の授業

ゲーム脳は、教員、PTA、教育委員会の人たちが「子どもたちがゲームをし過ぎるのを止めさせたい」と思っているところに、「水伝」同様、一見科学的な体裁の主張が出てきたので、飛びついてしまったように思える。

TOSSの教員たちはもちろん、ゲーム脳の授業を行った。今ではTOSSランドから削除されているが、アーカイブされたものがあった。その授業を紹介しておこう。

　ゲームのし過ぎは脳の働きを悪くします。それが一目でわかるグラフに、教室は静まりかえりました。テレビの視聴時間と自分の生活とを見直すことができる授業です。

　1．授業記録

　前日のテレビ番組表を渡す。

【指示1】『昨日見たテレビ番組を赤えんぴつで塗りなさい。』

【指示2】『テレビゲームをしていた時間とビデオを見ていた時間のところも赤えんぴ

つで塗りなさい。』
「これ見た?」「見た。」と前日に見た番組の話などをしながら塗っている子どもたち。
塗りながら、「けっこう見ているなぁ…。」というつぶやきも聞こえてくる。
【指示3】『昨日のテレビを見た時間とゲームをしていた時間、合わせた時間を書きなさい。』
挙手で分布を確認した。クラスでは下のような結果になった。
0~1時間未満　2人(男子2人、女子0人)
1~2時間未満　6人(男子2人、女子4人)
2~3時間未満　7人(男子3人、女子4人)
3~4時間未満　8人(男子4人、女子4人)
4~5時間未満　6人(男子4人、女子2人)
5~6時間未満　2人(男子1人、女子1人)
6~7時間未満　4人(男子3人、女子1人)
7時間以上　1人(男子1人、女子0人)
【発問1】『テレビのいいところは何ですか?』
・楽しい　・時間がつぶせる　・見たり聞いたりできる　など

【発問2】『テレビを見ていても大丈夫な時間は何時間まででしょうか？』

挙手で分布を確認した。クラスでは下のような結果になった。

0～1時間未満　2人
1～2時間未満　1人
2～3時間未満　1人
3～4時間未満　10人
4～5時間未満　6人
5～6時間未満　2人
6～7時間未満　4人
7時間以上　10人

【説明1】『テレビを見ていても大丈夫な時間は、1時間30分と言われています。テレビを1時間見た時の害を「1」とすると、2時間では「4」、3時間では「9」、4時間では「16」、5時間では「25」、6時間では「36」、7時間では「49」になるといわれています。』

テレビを見ていても大丈夫な時間が子どもたちの予想に反して短いことに驚きの声をあげていた。

テレビを見たときの害についてはグラフにあらわしながら説明した。

【説明2】『テレビにも皆さんが発表したように、いいところもあります。でも、見すぎると体にたくさんの害を与えます。特に子どもはより多くの害を受けます。テレビを見ることによって家族の会話が減ったり、忘れ物が増えたり、やることが雑になったり、物事を続ける力が弱くなったり、人の目を見て話せない人になるとも言われています。』

プリントを配布する。プリントには以下の5タイプのグラフを載せた。

（ ）内の数字は『ゲーム脳の恐怖』（森昭雄著　生活人新書）に掲載されているページ数。

A　ノーマル脳人間タイプ（P74）

B　ビジュアル脳人間タイプ（P24）

C　半ゲーム脳人間タイプ（P76）

D　ゲーム脳人間タイプ（P77）

E　痴呆の方の脳波（P64）

【説明3】『これは人の脳波のグラフです。脳波というのは、脳が発する電流を測定したものです。』

黒板にプリントと同じグラフを提示しながら、それぞれのタイプについて説明していった。説明は前掲書P74～77を参考にした。

Bのビジュアル脳人間タイプを説明していたときは、ゲーム中とそうでない時の違いに驚きの声を上げていたが、C、D、と進んでいくうちに、声すら出なくなっていった。深刻な顔をして説明を聞き、教室は静まりかえっていった。

【説明４】『テレビやゲームをする時間が長くなりすぎないよう、家族とも話し合って、ぜひ「何時間まで」と決めてください。』

次の日、以下のことを聞いた。

おうちの人と話をした人⇒７人

いつもより時間を減らした人⇒12人

参観日におこなった授業だったので、もう少し家族で話をしているかと思ったが、そうでもなかった。それでも、話をしてくれた家庭があったので、授業をしてよかったと思う。いつもより時間を減らした人がクラスの３分の１いたこともうれしい。

【指示１】『今日のお勉強の感想を書きなさい。早く書き終わった人は、昨日見たテレビやゲームをした時間のうち、なくてもよかったところにバツをつけていなさい。』

2．子どもの感想

Aさん「私は今日勉強して、ゲームやテレビのせいで脳が弱くなったりするなんて思ってもいませんでした。今度からなるべくテレビもゲームもほどほどにしてノーマル脳人間タイプにするよう努力したいです。」

Bさん「いつもテレビばかり見ているから、いらない（見なくてもいい）番組はあるなぁと思った。」

C君「ちょっとでもゲームをしたら脳波が下がるとは思いませんでした。テレビを見る時間はなるべく1時間半にする。」

D君「これからは、ゲームなどやテレビなどをし過ぎないようにしたいです。」

E君「僕はたくさんゲームをしていました。この話を聞いてショックでした。あんまりゲームをしないようにしたいです。」

F君「ぼくはABCDEの中ではCにあてはまる。これを見るとゲームをやりすぎていることがわかる。Aを目指してゲームをひかえてみようと思った。」

Gさん「私は、この勉強をする前はテレビをいっぱい見ていたし、ゲームもいろいろソフトを買ってもらってやっていて、脳に負担をかけ、脳を悪く、自分でどんどん脳の働きを壊すようなことをしていたのに気付いて、もうやめる努力をしようと思った。」

Ｈさん「たまたまこの時は、テレビはそんなに見ていないけれど、テレビ・ゲームをやっただけですごいことになってしまうということがわかってびっくりしました!!　どうしても見たいテレビ以外見なければいいと思いました。（見たいテレビも1時間30分の間に入れる…。）」

（「ゲームのし過ぎで脳が壊れる！～ゲーム脳の恐怖～」法則化サークル「シグナス」・松村雪子　作成日：２００３年1月12日　更新日：２００３年2月15日）

5　「ヘビの脳・ネコの脳・ヒトの脳」といじめ

ＴＯＳＳランドには、向山洋一『「いじめ」は必ず解決できる』（扶桑社、２００７年）にも掲載されている、脳にまつわるいじめの授業がある。その授業の追試の例を要約して紹介しよう。

人間の脳が３つの層に分かれている図を示す。脳はヘビ、ネコ、ヒトに分かれていて、それぞれの説明をする。

【説明】『一番奥にあるヘビの脳は、ハ虫類も持っている脳で、睡眠や食事、呼吸などを司る。生きる上ではなくてはならない脳です』

『その外側にネコの脳があります。これは哺乳類が持っている脳です。親がわかります。子がわかります。うれしい、悲しいなどの情感がわかる脳です。ヘビにはその情感はありません。だから、ヘビとネコを一緒に飼っておいて、どちらもエサをやらずに無視しておいたら、ヘビは傷つきませんが、ネコはノイローゼになってしまいます』

『最後がヒトの脳です。（新皮質といいます）人間が考えて行動できるのはこの脳があるからです』

【発問】『では、いじめられると、どの脳が攻撃されるのでしょうか？　手を挙げなさい。ヘビの脳だと思う人？　ネコの脳？　ヒトの脳？』

8割ほどの生徒が『ネコの脳』。『ヘビの脳』は0人。残りは『ヒトの脳』。

【説明】『これは「ヘビの脳」が攻撃されるのです』

「えっ!?」と反応する生徒があちらこちらに見られた。

【説明】『生きる上で、なくてはならない脳が攻撃されるのです。だから、いじめられると、眠れなくなり、食事をしたくなくなり、最後は息すらしたくなくなる。いじめ

は、殺人行為なのです』（以下略）

春山茂雄『脳内革命 2』（サンマーク出版、1996年）は、脳を「爬虫類《はちゅうるい》の脳」「動物の脳」「人間の脳」と3分割していた。これを永田勝太郎『脳の革命』（PHP文庫、1995年）が「ヘビの脳」「ネコの脳」「人間の脳」とキャッチーに言い換えた。向山氏はこれを「ヘビの脳」「ネコの脳」「ヒトの脳」としたわけだ。

実は、これらのもとがある。篠塚一貴・清水透「比較神経科学からみた進化にまつわる誤解と解説」（『心理学ワールド』2016年10月号）に「Q. 私たち人間の脳は、爬虫類の脳、下等な哺乳類の脳、そして高等な哺乳類の脳の三つからできているって本当ですか？」に対して「違います！」という回答がある。

この質問にあるのは、アメリカのポール・マクリーン博士が20世紀の中ほどで唱えた「三位一体脳」と呼ばれる仮説のことだ。マクリーンはヒトの脳が、原始爬虫類の脳、古い哺乳類の脳、新しい哺乳類の脳という3つの基本的構造を保って進化したと考えた。原始的な単純な脳に徐々に新しい脳部位が付け加わることで、最終的にヒトの複雑な脳ができあがったと考えたのだが、現在では否定されている考えだ。しかし、マクリーンの仮説は単純で直感的なので、脳の解説書や一般向けのビジネス書などによく紹介されていて、向山氏も飛びついたのだろう。こうして、向山氏、そしてＴＯＳＳを通して教育界に「ヘビの脳・ネコの脳・ヒトの脳」が広まったのである。

6 「悪いこと」で「脳から毒」？

２０１７年８月22日付の「朝日新聞」に、長野剛記者による「イジメは脳が傷つくからダメ…!?『科学』を使う道徳授業ってアリ？」という記事が出た。

この記事には、「人に意地悪をしたり、いじめたり、悪いこと」をすると、脳から自然界の中ではヘビの毒の次に強い猛毒の「ノルアドレナリン」という物質が出て脳幹がダメになり、生きる力を失う、という授業をしている教員への取材がある。教員の実態の一端を知るため、紹介しておこう。

この授業、本当にやっているの？　と、この授業例を投稿した新潟県長岡市の公立小学校の男性教師を訪ねました。

「十数年前にサイトで先行事例を知り、自分でも本を読んで勉強して始めました。

去年も同じような道徳の授業をしています。子供たちは『初めて知った』『いじめって恐ろしい』とか、真剣に聞きますね」

先生はそう、明るく語ってくれました。授業のノウハウを研究する地域の教師サークルの間でも、この「脳科学」を使った授業をする仲間はいるそうです。

「いじめは犯罪。許されるものじゃない。いじめられて自ら命を絶つ子どもがいる、ということも、本を読ませたりして教えます。しかし、響かないこともあるんです」と、先生は打ち明けます。「脳科学」を使うのは、「別の視点を与える」という観点からだといいます。「私個人の言葉よりも、科学の話の方が子供たちには新鮮で、受け入れられます」


この記事では、その「脳科学」が正しいかどうかを、脳と心理を研究する名古屋大学教授の大平英樹さんにチェックしてもらっている。◯△×の判定だ。

「ノルアドレナリンは毒」は「×」。ノルアドレナリンはピンチの時など、ストレスを感じたときに脳などを活発化させる物質。意識を覚醒させ、対応できるよう備える神経伝達物質で、役目を終えると分解される。「なので、何かの原因でたくさん分泌されても、健康な人が病気になることはありません」

「いじめられると脳幹がだめになる」については「△」判定。実際に、強い精神的な衝撃による心の傷、PTSDを負った人の脳で、「海馬」と呼ばれる部分が萎縮することがある。「脳幹に限りませんが、強いストレスで脳に障害が出ることはあり得る。ただ、科学的な報告があっても論争中のものも多く、そう単純ではありません」

否定されている考えや論争中の問題であっても、ある考えを誇大化した単純な考えを「いじめは悪いことだ」と教えるのに使えそうだと、取り入れてしまう様子がうかがえる。

7 『脳内革命』に影響された授業

先の「朝日新聞」の記事には、さらに、「西日本の国立大学付属中学校の数学教師」による「プラス思考」を脳のしくみから説き起こす授業の例を紹介している。

プラス思考をして人に親切にしたり善い行いをしたりすると、脳からβ‐エンドルフィンという良いホルモンがでます。（中略）「あなたはこの世に必要な人です。長生きしなさい」という神様からの言葉なのかもしれません。

電話で伺うと、この先生も２０１０年ごろにサイトで情報を得て、本も読んで「自分なりに（授業を）組み立ててみた」とのことでした。毎年行っており、今年もすでに担任するクラスでこれを改良した授業をしたそうです。

「作り話や物語で教える道徳は、自分でも上滑り感がありました。科学的根拠がある方が、子どもに対して説得力があります」

この記事にも名古屋大学教授である大平さんの判定があった。「エンドルフィン」は「△」で、気持ちよさをつかさどる物質の一つで、「いいことをすることが好きな人」ならば人に親切にしたときにも出る。ただし、反社会的なことが好きな人なら、「悪いこと」をしても出うる、と。

そして、「脳の活動と善悪は関係ありません」と大平さんは言う。

「根本的な話として、脳の活動と善悪は関係ありません。人体は誰でも同じ仕組みですが、何が『善い』かは文化や状況によって変わります。だから、様々な『善い』に対応する画一的な体の反応はあり得ません。単純化は危険です」

新聞記事に出てきたエンドルフィンの話は、春山茂雄『脳内革命』（サンマーク出版、１９９５年）で広まった。プラス発想することで脳からエンドルフィンを主とする脳内モルヒネが出て、それが心身を好ましい方向に導くという。

脳内モルヒネが成人病、がん、エイズにも効くという科学的な根拠がない話は批判も受けたが、わかりやすい単純な話なので春山氏の本はベストセラーになった。

教員の一部は、科学的な根拠がなくても科学的な雰囲気がある単純でわかりやすい話は、「水伝」やEM同様、授業で使えると思っている。科学的な雰囲気があるから、教員自身も信じ込んで説得的に教えられると思うようだ。

それならば、パチンコなどのギャンブルをしているときはエンドルフィンが出るから「ギャンブルをやろう！」と教えるのだろうか。

また、プラス思考は絶対的によくて、マイナス思考は絶対的に悪いわけではない。

8　「脳トレ」は効果があるのか？

単純な計算や漢字の読み書き、音読などをくり返すことで、脳、とくに前頭前野が活性化し、知的能力を高めたり、老化による脳の機能低下を防止したりできるという「脳トレ理論」も流行した。

脳トレの効果を示す研究として知られているのは、川島隆太さん（東北大学教授）らによる研究である。

脳トレに効果があるという根拠の一つが「簡単な計算問題を速く解いているときは、脳の広範囲が『活性化』することをｆＭＲＩで確かめた」というものだ。これは脳のどの場所が働いたかを、そこに集まる血液からの信号で調べるという方法である。このことにより、脳のどこの血流量が相対的に他の場所に比べて増えたかがわかる。血流量の上昇は、その部位の神経活動の上昇を意味するが、その場所のはたらきがよくなったことを意味するのではない。その血流量の上昇を称して脳の「活性化」としているが、脳全体が活動しているからといって創造力や記憶力などの知的能力が高まっているとは言えない。

血流量が上昇した場所、いわゆる「活性化」した場所が赤く色づけされた脳画像などを示されると、脳科学者ではない私たちは、それをいかにも科学的であり、信頼するに足る情報であると考えてしまいがちだ。そんな画像や「活性化」という言葉で、あたかも脳の性能や機能が高まると誤解させている。

川島教授らの研究に、老人ホームに入所している認知症の高齢者を対象としたものがある。その研究では、参加者の半数に、小学校中学年レベルの計算や漢字の読み書きなどのドリル（脳トレ）を、１日のうちで自由な時間に20分間、週に数回行わせ、残りの半数には、各自の好きな活動をさせるというものだった。半年の実験期間の後、脳トレをした人たちは前頭葉の機能検査テストの成績が上がったのに対し、脳トレをしなかった人たちは成績に変化がなかったという。

この研究結果への疑問は、「脳トレをした半数には、脳トレをしたときの世話係とのコミュニケーションがもっとも影響を与えた可能性がある」ということだ。藤田一郎さん（大阪大学教授）は、「被験者になったお年寄りには、週に2〜5回、川島教授のスタッフがつきそって、トレーニングのやり方を教えたり、アドバイスしたり、いろいろおしゃべりもしていた。脳トレそのものより若い人との交流で認知症が改善した可能性がある」と言う。残りの半数の「好きな活動をさせた」場合とはコミュニケーションの質と量において雲泥の差があるのだろう。

また、こんな実験結果もある。2010年4月21日にイギリスの科学誌「ネイチャー」は、ロンドン大学などの1万人以上を対象にした脳トレに関する実験の結果を発表した。

その結論は「コンピュータを利用した脳トレは、健康な人の思考力や記憶などの認知機能を高める効果を期待できないことがわかった。脳トレを続けたグループでは、ゲームの成績は向上したが、論理的思考力や短期記憶を調べた認知テストの成績はほとんど向上しなかった」というものだった。

第6章　食育をめぐるニセ科学

世界で長寿トップグループの日本

毎年、厚生労働省から前年度の平均寿命が発表される。平均寿命とは、0歳児の平均余命のことだ。すでに60歳、70歳になっている人が、あと何年生きられるのかは平均余命表に示される。

明治・大正時代、日本人の平均寿命は40歳代だった。そして、50歳を超えたのは1947年（昭和22年）のことである。歴史的にみれば、本当に最近の話なのだ。

日本は、平均寿命が50歳を超えてから20年余で飛躍的に寿命が延び、1970年（昭和45年）には世界首位になった。

2017年の日本人の平均寿命は女性が87・26歳、男性が81・09歳で、いずれも過去最高を更新した。その年の世界の長寿国ランキングで日本は、男性が3位、女性が2位となり、現在も長寿国のトップグループに居続けている。

そうなった理由は、いろいろ考えられる。

・日本人（黄色人種、モンゴロイド）の遺伝的素因として、その由来から極寒の北極圏に住むイヌイットからアマゾンの熱帯雨林地帯に住むインディオまで、あらゆる環境に適応し生き残ってきた適応力の高さがあるかもしれない

・日本人の乳幼児の死亡率の低さ
・国民皆保険制度の存在や高齢者に対する医療制度の存在
・高齢になっても勤労意欲が高く、社会参加率も高い
・社会が比較的平等で、貧富の差が少ない
・学校教育制度が確立しており、教育によって国民全体の健康に関する知識や関心が高まっている可能性
・毎日入浴し、身の回りをつねに清潔に保つという清潔好き（感染症の予防につながる）
・昔ながらの粗食でも、栄養をとりすぎがちな欧米式でもない、バラエティゆたかな食生活

などである。

食生活が寿命をのばした！

老年学者の柴田博氏は、食生活の変化が平均寿命をのばしたとしている。

柴田氏によれば、平均寿命が40歳代のころの明治・大正時代の日本は脳卒中天国で、それが平均寿命を低下させている最大の原因だったという。当時の食生活は、肉をメインとする動物性タンパク質の摂取が少なく、そのため、コレステロール値が低かった。すると細胞膜のコレステロールが少なくなり、血管が弱くなってしまうので脳卒中が多くなって

しまうのだ。

また、高度経済成長期の1965年(昭和40年)ころから、次第に食生活の中に牛乳や肉食が増えていった。

平均寿命が50歳を超えるころには、日本人の動物性タンパク質と植物性タンパク質の摂取比率が1対1になった。脳卒中の予防に肉食が大きな力を発揮し、平均寿命は大幅にのびたのだ。つまり、たった20年余の間に寿命が猛スピードでのびた最大の貢献者は、肉食にあったのである。肉には、植物性タンパク質や魚では補えない栄養素や生理活性物質がふくまれている。戦後、肉を上手に食生活に取り入れたので、日本人は平均寿命で世界のトップグループに入れたと考えられる。

現在の日本型の食事は、古い日本型の肉を欠いた「粗食」でもなく、高カロリー、高脂肪食の欧米型とも違う、特殊で中間的な栄養状態のものになっている。

ただし過食は禁物で、心臓病大国のアメリカのように心臓疾患などを引き起こす要因となる。

「粗食」を勧める授業

「健康で長生きするには、まずは食生活!」ということなのだが、学校でおかしな授業が行われているのは見逃せない。

その授業とは、TOSSランドに書かれている、「日本の伝統的な食事は『粗食』である。その元となるのが主食の『米』と自然の『水』、そして味噌である。この100年間で大きく日本人の食生活が変化した。主食である『米』の消費が半分になった。世界の中でもこんなに変化をしたのは日本だけである」という趣旨だ。以下、その授業を要約的に紹介しよう。

授業は宮澤賢治の「雨ニモマケズ」から始まる。「一日ニ玄米4合」はお茶碗で12杯分である。

【発問】『昨日ご飯を12杯食べた人はいますか？　あまり裕福でなかった賢治もご飯は12杯も食べていたのです。それで栄養のバランスをとっていたのです。現在は、玄米のかわりにパンやお肉で栄養のバランスをとっています』

白米と玄米の袋を見せる。

【発問】『机の上に2種類のお米があります。賢治が食べていた米はどちらでしょうか』

玄米をつめで削って中が白米か確かめる。黒い紙の上で削らせ、「かす」が残るようにする。胚芽に気づかせる。

【説明】『削った「かす」のことを微量栄養素といいます』
【発問】『白米、ぬか、胚芽にはどれくらいの栄養があるのでしょうか』
スマートボードを操作させる。胚芽65％、ぬか30％、白米５％
【説明】『江戸時代「江戸わずらい」という病気が流行しました。玄米が白米になり栄養のバランスが崩れたためです。この病気で徳川の将軍も２人亡くなりました』
【説明】『その原因が、玄米の「ぬか」に含まれるビタミンＢ１不足でした。お茶碗３杯を白米にすると、牛乳瓶で７本分のビタミンＢ１が必要になります。玄米にはその他にも白米には少ない栄養分をこれだけ含んでいるのです。だから、昔は玄米、味噌、野菜の三品で栄養のバランスが取れていたのです。現代は、栄養のバランスをとるには20品以上が必要とされています。バランスの取れた食事とは何か？　もう一度考え直す必要があるのかもしれません』
実物のパンフレットを提示する。
（食育「ご飯と食事のバランス」島村雄次郎　更新：２０１３年）

ＴＯＳＳでは、「マクロビオティック」（玄米菜食）という穀物と野菜中心の健康食事法を推薦しているようだ。この授業では、江戸時代の庶民が白米のご飯を山盛り３杯に沢庵《たくあん》と味噌汁という食生活で脚気《かっけ》になったという「江戸わずらい」をもとに、白米ではなく、玄米と味噌、野菜の3品で栄養のバランスがとれると言っている。そして、宮澤賢治のように玄米ご飯を1日に12杯食べることを勧める内容となっている。果たしてそれはよいのだろうか。

現在、日本の平均寿命が世界のトップグループにランクインしているのは、粗食を止めて、魚だけではなく、肉や牛乳・乳製品などの欧米食を適度にミックスしたからだ。宮澤賢治のような食事にすると栄養失調状態となり脳卒中が増え、平均寿命が大きく下がるだろう。

日本は病気大国、肉食が原因と脅す授業

TOSSランドには「日本人に急激に増えている大腸がんは、食に密接な関係があると言われている。そこで、日本食の歴史を画像データで提示する。そのデータを足場に日本人の体にあった食事は、何なのか考えさせる。そして、大腸がんを予防するためには、どんな食事をすればよいか話し合わせる」という趣旨の授業もある。要約的に紹介しよう。

【発問】『(日本の) 平均寿命は長いけど、病気の人が多いのはどうしてでしょう。食生活の変化に問題があると言われます』

【説明】『昔は少なかった病気で、急に増えている病気があります。どれですか。スクリーンを指さしなさい。「悪性新生物」と書いてあります。（これは）「がん」のことです』

「がん患者数」のグラフを提示する。

【説明】『がんの中でも急激に増えているのが大腸がんです。２０１５年には、女性は、第１位、男性も第３位の死亡原因になると予想されています』

【発問】『大腸は体のどこにあると思いますか？　自分の体を触ってご覧なさい』

【説明】『口から入った食べ物は、口でかみ砕かれ、胃袋に入ります。そこで更に細かく、細かくなります。その後、小腸に入ります。そこでは、栄養が吸収されます。その後、食べ物が行く場所が、「大腸」です。更に栄養や水分が吸収され、そのかすが「うんち」として体の外に出ます』

【発問】『大腸がんが増えている原因は、ある食べ物だと言われています。ノートに理由も書きなさい。（問）漢字一文字です』

（引用者注：答えは肉）

【説明】『肉を食べてきたのは、寒い地方に住む人類でした。寒いので植物は、ほとんど育ちません。そこで、狩りをして動物を捕り、肉を食べていたのです。

しかし、肉はお腹の中で腐ります。腐らせるのは、悪い微生物（バイキンマン）です。悪い微生物は、肉が大好きです。肉があるとどんどんどんどん増えます。そして、肉を食べて毒を出します。その毒ががんを作る元になるのです。

腐った肉を早く体の外に出さなければなりません。そこで、肉を食べてきた人類の腸は、何万年、何十万年の間に短くなりました。一方、植物を中心に食べてきた人類の腸は、何万年、何十万年の間に長くなりました。それは、植物を消化するのに時間がかかるからです。

これは、人間だけではありません。牛や羊など草を食べる動物の腸は、長く、肉を食べるライオンなどの動物の腸は短いのです』

日本人の腸は、欧米人の腸より長い（ことを示す）。

【発問】『腸の長い日本人が、肉を食べ過ぎるとどうなりますか』

【説明】『肉が腐って悪い微生物がどんどん増えます。悪い微生物は、肉を食べ、毒を出します。早く外へ出さなくちゃいけない。でも、日本人の腸は、長い。なかなか毒が外に出ない。大腸で毒が体に吸収され、全身へ行きます』

【発問】『大腸がんを防ぐためにはどうすればいいですか。ノートに書きなさい。

3つ考えられます。

（1）食べない。（食べ過ぎない）
（2）ためない。（不溶性食物繊維をたくさんとる。運動）
（3）よい微生物を増やす。（みそなど微生物食品をとる）』
【発問】『日本人の体にあった、昔から伝わる日本食を見直さなければなりません。では、日本食になくてはならない食べ物は、何ですか』
（引用者注：米、野菜、味噌汁を期待していたようだ）
【発問】『この中で1つ選ぶとすれば何ですか』
【説明】『次の時間では、日本食の給食の献立を考えます』
　子どもの感想である。
（1）弥生時代から米が食べられているなんてびっくりしました。
（2）体にわるい食べ物が肉だとはじめてわかりました。だからお母さんは「肉を食べたら野さいは何倍か食べなさい」といっていたんだと思いました。
（3）日本人はきけんである。そのうち先生が最初に見せた国のようになってしまう。
（4）肉が大好きなのに、日本人の体にはあわないと聞いて少しショックだったけれど、野菜が好きなのでほっとしました。
（「大腸がん」を防ぐためのポイント3　第1時　食の歴史から「大腸がん」の原因を考え

る。」制作者：大輪真理　更新：2012年　実践者：冨田元久）

この授業には多くの誤った情報がある。

まず、導入にある「日本は病気大国」という認識は間違っている。がん細胞が出現する確率は加齢とともに上昇するので、長寿国であればがんの患者が増えることになるのは当然である。がん以外の病気もそうだ。

日本は平均寿命では世界のトップグループの一員であるが、この授業では、平均健康寿命（日常的に医療や介護に依存せずに、自分自身で生命を維持でき、自立生活が可能な状態の生存期間）は低いという話になる。実際には平均健康寿命でも他国から群を抜く形で上位にいる。2016年ではシンガポールに次ぐ74・81年である。

世界がん研究基金と米国がん研究協会による報告書「食物・栄養・身体活動とがん予防」（2007年）によると、赤肉（獣肉：牛・豚・羊など）・加工肉（ハム・ソーセージ）の摂取は大腸がんに対して「確実なリスク」と評価されているが、わが国の場合を、「赤肉・加工肉摂取量と大腸がん罹患リスクについて――『多目的コホート研究（JPHC研究）』からの成果」という2011年の論文から見てみよう。その結果は、「赤肉の摂取量が多いグループ（1日約80g以上）で女性の結腸がんのリスクが高くなり、肉類全体の摂取量が多いグループ（1日約100g以上）で男性の結腸がんリスクが高くなった。また、男女ともに加工肉摂取による統計的に有意な結腸・直腸がんのリスク上昇は見られなかった。男性において赤肉摂取量によるはっきりした結腸がんリスク上昇は見られなかった」とある。

現在、日本人の肉の摂取量は1日平均80gと言われるが、米国はその4倍以上とっている。要するに、現在の平均的な肉の摂取量を少し下げて、食べすぎないようにすることは必要であろう。しかし、この授業のように肉類はすべて駄目と言ってしまうと、別の問題が生じるだろう。

なお、飲酒、肥満は大腸がんリスクを増大させ、運動はリスクを低下させることも重視すべきである。

和食を勧めるために腸の写真で子どもたちを脅す

TOSSランドに「和食の大切さ　河田氏実践の修正追試」（五十嵐貴弘）という授業がある。もとは河田孝文氏の実践だ。

健康な人、肉をたくさん食べている人、野菜嫌いな人、それぞれの腸の写真を見せることで授業が進む。

肉をたくさん食べている人の腸を見せると子どもの反応は、

・きたない

・穴が開いている

【説明】「なんか変な色のものは肉が流れなくて穴につまり、腐りかけているものです」

【発問】「今度は、肉が好きで野菜が嫌いな人の写真です。写真を見て気がついたことはありますか？」

子どもの反応は、

・黒い

・さっきのより汚い

・何かこびりついている

【説明】「おっ、すごいよくわかったね。黒くなったのは、さっきの流れなかった肉が腐って腸の壁にこびりついているのです」

【発問】「まだもう1枚あるんだけど、どうします？（じらしながら「肉しか食べない人」の写真を提示）今度は、もう、肉しか食べない人です。意外とさっきよりたいしたことないと思うかもしれませんが、よく見るとさっきよりすごいんですよ。写真を見て気がついたことはありますか？」
子どもの反応は、
・赤くなっている
・病気みたい
【説明】「その通り！　ここら辺（ペンで囲む）が赤くただれているのですが、これはさっきのこびりついた腸が、炎症を起こしているのです。〔潰瘍《かいよう》〕というものです。もう、ここまでくると完全な病気です」

この授業で使われた写真は、胃腸内視鏡の医師である新谷弘実氏によるものである。新谷氏は『病気にならない生き方』（サンマーク出版、２００５年）が１２０万部を突破し、ベストセラーになって有名になった。その本には、怪しいおかしげな話が満載だ。

・胃相、腸相の悪い人に健康な人はいない
・お茶をたくさん飲む習慣がある人の胃相は悪い
・お肉を好んで食べる人は、それがあなたの健康を害し、老化を進めている
・よい胃相、腸相の人たちに共通していたのは、エンザイムをたくさんふくむフレッ

シュな食物を多く摂っていたこと。一方、胃相・腸相の悪い人たちに共通していたのは、エンザイムを消耗する生活習慣
・牛乳ほど消化の悪い食物はない。牛乳は「錆びた脂」、脂肪分は酸化し、タンパク質も高温のため変質。牛乳を飲み過ぎると骨粗鬆症になる
・ヨーグルトを常食していると、腸相は悪くなっていく
・人間より体温の高い動物の脂が人間の体にはいるとベタッと固まってしまい血液をドロドロにする
・白米は死んだ食べ物である
・「還元力」の強い水こそ良い条件
・農薬を使った作物に生命エネルギーはない…など。

主張に根拠は示されず、総花《そうばな》的に医学情報をちりばめたり、胃腸内視鏡医の経験による自分だけの憶測や思い込みの主観的な内容の本だ。

もちろん、『よくかむ』、『腹八分目』が健康にいい」「運動の『しすぎ』は百害あって一利なし」「『愛』は免疫を活性化する」など、常識的な正しいことも混在している。

それにしてもオカルト医学が目立つ。そんな本に強く影響され、そのまま信じ込んで授

業を行ってしまうところに科学的なリテラシーがない一部教員の問題性がある。

授業に使用した子どもたちに強いインパクトがあったという新谷弘実氏の腸の写真が本当に肉を多く食べる人や野菜嫌いの人のものかどうかも怪しいということも言っておこう。授業者はその確証を得て、子どもたちを脅したのだろうか。

このような授業は、心に傷を残すようなやり口だと思う。


なお、この授業はさらに、「日本人の腸は長い」という話を根拠に進められていたが、今はその部分は削除されている。

もとの授業では、次の説明がある。

「日本人は、昔から和食を食べていました。米や穀類中心の和食は、消化するのに時間がかかります。ですから、欧米人に比べて日本人は腸が長いんです。欧米人は、肉中心の食事で『洋食』といいます。日本人がこの洋食を中心に食べると体によくないのはそういう関係からとも言われています。和食は摂取比率が『黄金比率』になっており、理想的な食べ物なのです」

つまり、日本人は穀物を中心に食べてきたから腸が長い。そのため、日本人の腸は穀物中心の和食に適しているという理屈である。

しかし、「日本人の腸は長い」という根拠はない。都市伝説、神話の類だ。

本当かどうかわからない写真で脅し、根拠のない話をさも本当のように説明しないと和食のよさを示せないのだろうか。

白砂糖有害論

砂糖のとりすぎは問題であるが、過大に砂糖、とくに白砂糖を攻撃する授業がなされている場合がある。玄米菜食にはまると、白米だけではなく白砂糖や精製塩にも攻撃が向く。

そもそも砂糖は、原料のサトウキビ、またはてんさい（砂糖大根・ビート）が、精製糖工場に運ばれ、不純物を取り除いてろ過する精製工程を経て、上白糖や三温糖、グラニュー糖などいろいろなタイプの砂糖が作られる。

砂糖が白いのは漂白しているからではない。砂糖の結晶はもともと氷と同じように無色透明だ。砕いた氷や雪と同じように、結晶の粒が小さくなると光の乱反射によって白く見える。結晶の大きい氷砂糖よりもグラニュー糖や上白糖のほうが白く見えるのもそのためである。

日本でもっとも多く使われている砂糖は、上白糖、いわゆる白砂糖である。しっとりとして使いやすく、上品な風味が特徴だ。何にでも合う万能タイプで、日本で使われている砂糖の約半分はこの上白糖である。

その白砂糖に対して、「精製してあるから砂糖以外のビタミン・ミネラルをふくまない。だから有害だ」と言う人たちがいる。砂糖だけの食事をしているなら、白砂糖より黒砂糖のほうがよいだろう。しかし、ビタミン・ミネラルは普通の食事をしていれば不足気味になるのはカルシウムくらいだから、砂糖からとる必要はない。

精製過程で何度か加熱するが、砂糖が高温加熱されると焦げてカラメルになる。三温糖はその色である。均一に色を付けるためにカラメル色素を添加したりもする。もちろん、白砂糖より不純物は多いが、砂糖の実質としてはほとんど同じである。

黒砂糖は、不純物を取り除くため石灰を加えて煮詰め、精製の度合いが白砂糖より低いので独特の風味と色が出る。少しビタミン・ミネラル類が残っている。物質としては、黒砂糖も、大部分は白砂糖と同じである。少量の不純物の分、砂糖の実質は減っている。

そもそも砂糖は、ショ糖という物質からできている。ショ糖はブドウ糖と果糖という単糖類が結びついたものだ（二糖類）。

人間が砂糖を摂取すると、ブドウ糖と果糖に分解されて吸収され、肝臓を経て血液に入る。果糖も肝臓を出るときにはブドウ糖に変わっているので、砂糖は結局、血液中ではブドウ糖になっている。血液中のブドウ糖は血糖と呼ばれ、体内の各細胞に運ばれて利用される。

ご飯やパンのデンプンは、ブドウ糖が多数結びついたものだ（多糖類）。摂取すると、ブドウ糖に分解されて吸収され、肝臓を経て血液中に入れば血糖となる。血糖になってしまえば、それが砂糖由来なのかご飯やパン由来なのかはもう見分けはつかない。血糖として、同じ作用をする。

摂取して発生するカロリーも炭水化物は1gあたり4キロカロリーで、デンプンも砂糖も同じである。ちなみに脂質は1gあたり9キロカロリーと倍以上ある。

「砂糖は酸性食品だから体に悪い」という説もあるが、そもそも酸性食品をとったら体液が酸性に傾くなどの考えにもとづいた誤った考えである。また、この延長で「砂糖は体液を酸性にするので、そうしないように骨のカルシウムを使ってしまうため骨が弱くなる」という考えも間違っている。砂糖をとっても体液は酸性にはならないし、骨が弱くなることもない。

よく聞かれる「砂糖は虫歯の原因になる」という話は一理あるが、虫歯の最大の原因は細菌のミュータンス菌（ストレプトコッカス・ミュータンス）である。歯の表面に付着した細菌は増殖し、放置しておくと倍々ゲームで増えていく。細菌は酵素を使って、食べ物などによって取り込まれた糖質（デンプンや砂糖など炭水化物）を分解し、有機酸という酸を作り出す。酸が歯を溶かし（脱灰）、その結果、虫歯になる。つまり、砂糖は虫歯の一因ではあるが、砂糖を避けても虫歯の一番の原因は取り除けないのだ。

ついでにいうと、抜歯した歯をコーラ飲料や酸味のある清涼飲料水につけておくと脱灰が起こり、やわらかくなる。これはコーラ飲料ならリン酸、酸味のある清涼飲料水ならクエン酸やリンゴ酸などがふくまれているため、酸性水溶液によって歯が脱灰現象を起こすからだ。

学校で行われる食育にも、砂糖の危険性を訴える授業案が存在する。TOSSランドの「砂糖は体も心もぼろぼろにする」がそれだ。この授業では次の話をする。

イギリスに、「マイケル」という小学生がいました。この子は、すぐに喧嘩をする子で、兄弟や学校の友達をつねったりひっかいたりなぐったりしていました。勉強や遊び等を集中してできず、落ち着かず手が震えていました。いつもイライラして怒りっぽく、自分の爪をよくかんでいたそうです。お母さんが心配してお医者さんに相談しました。お医者さんは、その子が毎日食べているものを調べました。すると、毎日、アイスクリーム、ケーキ、チョコレート、お菓子、甘い飲み物をご飯代わりに食べていたことがわかりました。お医者さんは、お母さんと相談して「甘いもの」をまったく食べさせないようにしました。数週間すると、マイケルは前とはまったくちがった、穏やかな「よい子」になったそうです。

砂糖のとりすぎはよくないが、砂糖をとる→体内のカルシウムが奪われる→イライラしやすくなる→キレる、という理屈には根拠がない。また、まったく甘いものを食べてはいけない、というのも極端な話である。

天然物、無添加食品でもかかえる4つのリスク

食品で、「天然」「自然」と言われると、体にやさしく、安全だと思ってしまう人が多いようだ。学校でも、天然、自然の食品の信仰を煽《あお》る教育がなされやすい。

しかし、天然=安全とは言えない。どんな食品でも、リスクはゼロではない。

天然物にも4つのリスクがある。

①アレルギー（小麦・卵・落花生など）
②食中毒（カキなど）

③ヒ素やカドミウム、水銀（米や魚など）

④有毒化学物質（フグ・野菜・果物など）

この4つのリスクをそれぞれ説明しよう。

①アレルギー

アレルギーは、免疫反応により引き起こされた障害だ。障害が全身におよぶものから局所的なものまである。体内に入り込んだ異物（魚や卵などの食品や、スギなどの花粉、ほこりなど）に対して反応する。

食べ物でアレルギーを引き起こすもの（アレルゲン）は、牛乳や卵、そば、エビ、カニなどいろいろある。

症状は、かゆみ、皮膚炎、くしゃみ、涙目、発熱、発疹などさまざまだ。

現状では積極的治療は難しく、対症療法のほかアレルゲンとの接触を避けるくらいしか方法がない。

いろいろな物質がアレルギーの引き金となる人のことをアレルギー体質と言うが、成長などにともない軽度になることもあれば、ある日突然アレルギー体質になることもある。

現在、日本の国民の3人に1人以上が、何らかのアレルギーをかかえているという報告がある。

とくに注意すべきは、急変するアレルギー症状で、アナフィラキシーと言われる。アナフィラキシーが強く引き起こされるとショック症状を起こし死に至ることもある。

②食中毒

食中毒は、食中毒菌に汚染された食物や水分をとったことが原因で起こる強いアレルギー症状のことだ。

細菌やウイルスの感染、それらが産生する毒素によるもの、有毒物質によるもの、もともとふくまれていた生物毒によるものがある。これらの原因はすべて天然そのものだ。わずかでも強い症状を示すものと、細菌やウイルスが増殖して一定量を超えたものによる場合がある。

代表的な症状として、激しい腹痛、下痢、激しい嘔吐、発熱による悪寒がある。

③ヒ素やカドミウム、水銀

ヒ素やカドミウム、水銀は、もともと岩石や土にふくまれている。水に溶けて水中にも存在している。農作物や魚など水産物は、自然由来のそういった物質も体内に吸収している。

④有毒化学物質

「食中毒」「ヒ素やカドミウム、水銀」と重なる部分が多い。食べ物にもともとふくまれている毒素では、キノコによる食中毒、ジャガイモの芽にふくまれているソラニン、フグで有名なテトロドトキシン、貝毒、カビ毒などがある。

天然のものには、深刻な症状を示す有毒化学物質がたくさんあるのだ。

「無添加」は安全か？

最近は、「無添加」を謳い文句にしている商品も増えているが、本当に安全なのだろうか。昔と違って、今の食品は低塩分、低糖度のものが多いので、より微生物が繁殖しやすい状況にあることを忘れてはならない。保存料がなければ、食品は腐敗しやすくなる。食品添加物と食中毒のリスクでは、食中毒のほうがずっとリスクが大きいだろう。

食品の安全でもっとも重視しなくてはならないのはその食中毒を防ぐことだ。

厚生労働省へ報告された食中毒は年間1000件前後である。2016年で、1139件、患者数約2万。患者数上位5位の病因物質は、ノロウイルス、カンピロバクター、ウエルシュ菌、サルモネラ属菌、ぶどう球菌の順で、この上位5病因物質で患者数全体の86・3％を占めていた。

この食中毒の統計は、患者を診断した医師が保健所に報告し、さらに保健所から都道府県の衛生部、衛生部から厚労省へと報告したものをまとめたものである。医師にかからない人がいたり、かかったとしても医師が保健所に報告しなければ、統計には反映されていない。

アメリカでは、能動的、積極的な疫学調査を行っていて、食中毒の実際の発生状況の推定がなされている。これによれば、年間650万〜3300万人と推測されている。アメリカの人口は日本のほぼ倍なので、日本での食中毒状況は、アメリカの半分程度と推測できる。大雑把《おおざっぱ》に年に1000万人と考えても大袈裟《おおげさ》ではないだろう。

天然農薬の存在と「奇跡のリンゴ」

無農薬野菜と聞くと、体によく安全・安心だというイメージが広まっている。しかし、虫の食害に対抗するために、野菜自身が多種類の防虫成分（天然農薬）を作り出すことをご存知だろうか。それが健康に悪い影響を与える可能性がある。

天然農薬は、毒性学の第一人者であるカリフォルニア大学バークレー校のブルース・エイムス教授が1990年に「米国科学アカデミー紀要」に発表した論文で有名になった。虫の食害を受けると、天然農薬の分泌量は爆発的に増えるという。教授が天然農薬のうち52種類を調べたところ、27種類は発がん性物質だった。その中にはパセリなどのメトキサレン、キャベツなどのアリルイソチオシアネート、ゴマのセサモールなどがある。

天然農薬による害の代表的なものに、未熟なジャガイモを食べたことによる食中毒がある。未熟なジャガイモやその芽、日に当たって緑色になった部分にはソラニン類という毒性物質が多く、これが天然農薬となる。未熟な状態や発芽したばかりのときに、外敵に食べられないように毒性物質を多く蓄えるのだろう。

そのほか、虫の食害を受けた野菜の傷口にカビがはえて、そうとは知らずに口にしてしまうと、カビ毒の影響を受ける可能性もある。

どんな野菜も、農薬を使って育てた野菜の残留農薬よりも、はるかに多量の天然農薬をふくんでいる。無農薬で育てた野菜のほうが虫の食害などで天然農薬が多くなっているとも考えられる。

いっとき、本やテレビ、映画で大きな話題となった木村秋則氏の「奇跡のリンゴ」という話がある。

この奇跡のリンゴは、普通のリンゴ農家だった木村氏が、妻が農薬で皮膚に発疹ができたのを見て、農薬散布をやめることから物語が始まる。その後、試行錯誤を続け、8年間、リンゴの収穫はゼロに。木村氏は、自分勝手な挑戦による失敗を死んで詫びようと、ロープを持って山に分け入る。そこで偶然、虫の被害もなく、見事な枝を張り、葉を茂らせたドングリの木を見て、この土を畑で再現すればいいのだと気付く、という話だ。この8年間、まったく農薬を使っていないわけではない。特定農薬の酢や、無登録農薬のワサビ製剤を使ったという。また、以前には無登録農薬の天ぷら油や石けんを使っていた。

この話が、「奇跡」と呼ばれているのはなぜだろうか。無農薬栽培は無理だと言われてきたリンゴを無農薬で栽培し、その奇跡のリンゴは腐らずに枯れただけではないか。

さて、「奇跡のリンゴ」の話を天然農薬の観点から見てみよう。

参考になる話を、木村氏と同一地域のリンゴ農家がFacebookに書いている。

> 昔と違い農薬の安全性が高まり店頭に並ぶ頃には農産物に農薬成分が残っておらず《（ママ）》。食べる人にとって農薬利用作物は危険は殆ど無いという事が科学的にも立証されている状況であえて無農薬での生産をするメリットは何処にあるのでしょうか？
>
> それは簡単に言うと、「高付加価値で高く売れる。」無農薬栽培のメリットはその一点に尽きるのです。
>
> 実は無農薬栽培をすることで病害に侵され、りんご自身が害虫・病害に対する危機を感じ、農薬成分を自分で作り出して防御してしまう事が研究の結果わかっています。

それは人間にとってアレルギーの原因となる物質で、健康な方には問題とはなりませんが、アレルギーを持っている方には毒になる可能性が考えられる物質が通常の3〜5倍も含まれています。（果物アレルギーの方は無農薬りんごは避けてください）

それは奇跡のりんごは腐らない《（ママ）》。という有名な現象に現れていて、防腐剤に相当する成分が含有されているから腐らないだけなのに、それが何か生命力が強いような素晴らしい事のように喧伝されていますが全くそのような素晴らしい事ではない訳です。

このようなイメージを振りまき、農薬を使ったりんごよりも安全では無いものを安全と説明し、高く販売する、購入する側も安全と思い込み、喜んで高価に購入する《（ママ）》。という図式が成立してしまっていますがこの図式は無農薬商品を高く売りたい業者にとっては好都合でありますが、一般消費者には何一つメリットが無い事は説明するまでもないでしょう。

（笑顔、届ける、あっぷりんご園　２０１３年６月９日・青森県　北津軽郡　https://www.facebook.com/up.applefarm/posts/461629877264004）

　このリンゴ農家の方が述べている、リンゴが自分で作り出している農薬成分こそが天然農薬だ。

リンゴが腐らないとしたら、微生物が生育できないリンゴである。そのリンゴはいったいどんな化学物質をふくんでいるのかを考えると、〝奇跡〟というより〝恐怖〟のリンゴだと、私は思ってしまう。

農薬を適度に使うことによって、リンゴが病気にかかりにくくなり、虫食いにやられなくなる。しかも農薬を使っても一部リンゴの果皮に残留農薬が検出されることがあるが、果肉からは検出されない。果皮で検出される量も基準値を下回っている。

かつてはリンゴ園だった場所のリンゴの栽培を放棄すれば、もちろんそれは無農薬ということになる。そこでもリンゴの実はなるから、無農薬栽培がまったく成り立たないわけではないだろう。ただし、そのリンゴは、小玉で病気や虫食いにやられやすいから販売できるレベルではない。

木村氏の無農薬農法がその後、全国に広がりを見せているようには思えない。あっぷりんご園主は、リンゴの無農薬栽培はあくまで木村氏の「園地でのみ成立した現象であって、それをもって他の園地、青森県全般のりんご生産が無農薬へと転換出来るのかと考えますとそれは不可能であり、現状でも彼の園地でのみ成立するいわば実験室内での成功という域を出ていない代物で、今後もその状況が変化する見込みはありませんので我々は無農薬りんごの生産に期待を掛けていません」と述べている。

さらに、「奇跡のりんごストーリーは感動の物語です。大変良い話だと思います。しかし、もはや30〜40年も前の過去の話であるという事を、多くの方には今を理解していただかなくてはいけないと思います。そして生産の側も現状の奇跡のりんごに学んではいけないと思います。あくまでもストーリーを時代劇のような過去のお話として楽しむだけにしていただいて、消費者の方は極々普通に販売されている美味しく手軽に利用できる農産物を利用されると良いでしょうし、生産者は感動ストーリーに惑わされ農薬の利用云々にばかり拘ったりする事なくより高く評価される良い価値の生産や経営改善・流通改革など多くの消費者によりメリットを提供できるよう当たり前の努力工夫を重ねれば良いのではないでしょうか。無農薬だから・安全性云々で頭でっかちに知識を食わせる農作物よりも、極々普通に美味しくなるように作った旬の完熟の方が体は正直に反応します。体が欲しいと思うものが正しいのだと僕は思います」と結んでいる。

なお、木村氏は何度もUFOに遭遇し、エイリアンに拉致《らち》されたこともあるという逸話の持ち主として知られている。そのとき、エイリアンから「宇宙カレンダー」を見せられ、「もうすぐ地球は終わる」と知らされた。また、「声をかけたリンゴの木は育ったのに、声をかけなかったリンゴの木は枯れた」と述べていることからすると、「水伝」同様の考えの持ち主のようだ。

私は、こういう人の話は話半分に聞くべきだと思う。

その後木村氏は胃がんになり、標準的な治療を受けた。「無農薬の米や野菜などを食べていたのでこの程度のがんですんだ」と述べている。

「奇跡のリンゴ」の話はＴＯＳＳランドに授業として掲載されている。農薬なしにリンゴ栽培はできないとされてきたが、無農薬栽培に挑戦した木村氏の成功話の授業だ。そして締めには、奇跡のリンゴは腐らないということを紹介している。

根拠のない話で脅かす食育

ニセ科学性の強い食育の授業は、やはりＴＯＳＳが全面展開していた。

「ようこそ　ＴＯＳＳ食の教育のページへ　ＴＯＳＳ　愛媛　戸井　和彦」というページがある。http://www.dokidoki.ne.jp/home2/toykazu/

トップページには、

食の授業に使える論文「食と生命」を読むより

・白砂糖は「甘い麻薬」である

・肉食で腸が腐る

・糖尿病はインシュリンでは治らない
・医療費で文明が滅びる前に食生活の改善を
・主食中心の食生活に戻れ

領域別の授業記録

甘味料（砂糖）と健康
・同じ砂糖の入った2つの飲み物を飲み比べる（5年生）
・砂糖の害について考えさせる
・白砂糖と黒砂糖の違い

主食（米）
・玄米と白米の違いを考える
・玄米と白米は食物繊維も大きく違う
・「黒米」を食べることから歴史の学習を見直す（6年生）

塩と健康

・塩と健康の授業（自然塩と精製塩を比べて）（高学年）
・精製塩と自然塩との違いを実験から気づく（高学年）
・食品添加物と生活の便利さ（高学年）
食品添加物と健康

などのタイトルが並んでいた。これらを見ると、食育におけるＴＯＳＳの立ち位置がよくわかる。しかし、このような食育はＴＯＳＳだけが進めているわけではない。

世の中には、食べ物についてのニセ科学情報が出回っている。とくに、食べ物に対する不安の煽動《せんどう》、食生活を全体としてとらえることなく、特定の食べ物を体に悪いと決めつけ、非難・攻撃し排斥する一方で、ある食べ物を体によいとして推薦したり万能視したりすることがよく行われている。健康や食に不安を持つ人はたくさんいる。それにつけ込んで『買ってはいけない』などという本を出して、その本を買わせようとする著者や出版社がいるし、テレビなどのメディアも健康や食の不安を助長したり、サプリや健康食品を大々的に宣伝している。だから教員の中に、その影響を受けている人たちがいても不思議ではない。教員がある特定の考え方の食生活をするのはその人の自由だ。しかし、その特定の考え方で、子どもたちを洗脳するような教育はしてはならない。

米国では「オルトレキシア」が問題になっている。「口に入れるものは、体にいいもの、安全なものしか選ばない」という人がおちいる摂食障害の一つだ。

たとえば、次のような場合である。

・自然、天然はいいが、人工は駄目。精製した食べ物は駄目で、全粒粉パン（ご飯なら玄米）はいいが、精白小麦（精白米）、白砂糖や精製塩は駄目。食品添加物無しの無添加でないと駄目

・何らかの加工した食品は駄目。未加工のものということで完全菜食に

・肉など、動物性は駄目。逆に、肉はよくて糖質（炭水化物）は駄目とすることもある

・乳製品、糖質、グルテンをふくむ食品は駄目

実際は健康によいとする食品を摂っている人と普通に食品を摂っている人を追跡調査しても、がんの死亡率に差がない。

自分が思い込んだ「体にいいもの、安全なものしか食べない」とこだわりすぎると、そのこだわりが強迫観念に変わり、精神に異常をきたし、強迫性障害に似た症状や、栄養失調を引きおこすことがある。これがオルトレキシアだ。拒食症と似た症状である。

根拠のない話で脅かす食育は、オルトレキシアを増やすことにならないか。

第7章　子どもたちを原発の旗振り役に

——エネルギー・環境教育

福島第一原発事故

２０１１年3月11日の東北地方太平洋沖地震による地震動と津波の影響により、東京電力の福島第一原子力発電所で炉心溶融（メルトダウン）、水素爆発など、一連の放射性物質の放出をともなった原子力事故が発生した。

福島第一原発の事故はなぜ起きたのだろうか。福島第一原発は3月11日の東日本大震災時、核分裂連鎖反応の緊急停止に成功した。しかし津波によって外部からの送電線を支える送電鉄塔が倒壊し、また、非常用ディーゼル発電機も破壊され、全電源が喪失した。

核分裂連鎖反応が止まっても、ウラン燃料は放射性物質が崩壊熱を出し続けるために冷却が必要だ。原子炉内が高温になると、ウラン燃料が溶融し、ウラン燃料を被覆しているジルコニウムと高温水蒸気が化学反応を起こし、水素ガスが発生する。このジルコニウムは中性子を吸収する性質が弱いので被覆管にはいい素材なのだが、高温水蒸気と反応して水素ガスを発生するという弱点がある。アメリカのスリーマイル島原発事故でも、もう一歩で水素爆発の危険性があった。

水素が発生しても、原子炉と原子炉格納容器が完全に密閉されていればそこに留めることができるが、地震でひびが入ったりすれば、水素ガスはまわりに出ていく。水素ガスは原子炉内から原子炉格納容器、さらには建屋へと広がり、建屋内で空気と混じり、空気中の割合が4％を超えていった。水素ガスが空気中に4〜75％混じったものに何らかの火花が飛べば爆発する。福島第一原発でも水素爆発が起こり、放射性物質が漏れる事故に至った。

これで原発の安全神話が崩壊した。私は、原発は科学・技術のかたまりなので、事故が起ころうともニセ科学とは言えないが、「万が一事故は起こっても、放射性物質が外に漏れるのを防ぐ5重の壁で守られているから安全だ」という安全神話（確実な証拠や裏付けがあるわけではないが、絶対に安全だと信じられている事柄）にはニセ科学性があると考えている。

回収された小・中学生向け原発副読本

事故が起こったのは、原発業界の悲願だった中学校理科での原子力の重視が、2008年告示の学習指導要領で決まったあとの時期だった。

文部科学省と経済産業省は、原子力発電に関する小学生用の「わくわく原子力ランド」と中学生用の「チャレンジ！　原子力ワールド」という副読本を作成し、2010年に全国の小・中学校などに約3万部を配布していた。また、文科省関連の一般財団法人「日本原子力文化振興財団」のウェブサイトでも公開していた。

副読本には「大きな地震や津波にも耐えられる」「放射性物質が漏れないようしっかり守られている」などの表現があり、安全神話が強く打ち出された内容だった。しかし、文科相自らが「事実と反した記載がある」などと発言して、副読本が回収されたりウェブサイトから削除されたりしていた。

国民の原発アレルギーをなくすための原子力教育

文部科学省と経済産業省、原発業界は、国民の原発アレルギーをなくすためにさまざまな方策をとってきた。

とくに教育を通しての原発アレルギー払拭に力を入れていた。

たとえば文部科学省は、事故前の2010年に、「原子力・エネルギーに関する教育支援事業交付金」を4億8600万円支出していた。

そして、次のような事業をしていた。

1. 原子力・放射線に関する教育職員セミナー（基礎コース）
2. 原子力・放射線に関する教育職員セミナー（応用コース）
3. 原子力・エネルギーに関する学習用機器（簡易放射線測定器）の貸出
4. 原子力・エネルギーに関する教育情報の提供

5．原子力に関する副教材等の作成・普及
6．原子力・エネルギーに関する出前授業等の開催
7．原子力・エネルギーに関する課題研究コンクール（原子力・エネルギーに関する調査活動の支援）
8．原子力・エネルギーに関する施設の見学等
9．科学体験館「サイエンス・サテライト」（大阪）

今でも各地で開催される「青少年のための科学の祭典」の初期は、資金を出した当時の科学技術庁（その後文部省と科学技術庁は統合して文部科学省に再編された）の原子力推進の宣伝が目立った。私はそれで初期の祭典にかかわらなかったのだ。もんじゅ事故で福井県が元気がないからと、大会の開催県を福井県に変更したりしていた。その後、私の友人も多く携わっていた実行委員会が努力して原発の宣伝を弱めるようになった。

他にも、経済産業省の資源エネルギー庁が「エネルギー教育実践校　2002～2010」「エネルギー教育モデル校　2014～」を採択してエネルギー教育を進めていた。

民間でも原子力教育を推進

原子力教育推進の組織の一つに、NPO法人放射線教育フォーラムがある。

このフォーラムは「エネルギー・環境および放射線・原子力の正しい知識を普及」が目的で、名誉会長は有馬朗人《ありまあきと》氏（元文科相）である。

福島第一原発の事故の後に役員名簿（2010年7月21日）を見たが、私の知っている大学の理科教育の研究者の名前があった。

一番驚いたのは、元現場教員、現職の現場教員のほとんどが私が知っている人たちだったことだ。その中には「こういうフォーラムなどは原子力発電推進のために裏で電力会社の集まりの電気事業連合会などがお金を出してくれている」と私に教えてくれた人もいる。つまり、そういうことをわかって関わっていたのだ。安全神話を信じて、「大きな事故は起こらない」と軽く考えていたのだろう。

このフォーラムは「学校で放射線をしっかり教えよ」という提案を行ってきた。

その提案を見ると、日本は「国是としている原子力・放射線関係の学問・技術」はアジアで指導的地位にあるが、核アレルギーや青少年の知識水準悪化への対策としてのようだ。

原子力ポスターコンクールで安全神話を洗脳

学校を通して原子力、とくに原発の推進をはかってきたものに、原子力ポスターコンクールがあった。現在、福島第一原発の事故を契機に「とりあえず中止」とされている。

コンクールは、子どもたちに「原発はクリーン、エコ、安全」と原発安全神話を刷り込むための国策として、全国の小学生を対象に１９９３年から毎年行われてきた。

主催者は文部科学省と経済産業省。運営は原子力文化振興財団である。

福島第一原発事故前の２０１０年の原子力ポスターコンクールの案内が文部科学省サイトにある（http://www.mext.go.jp/b_menu/houdou/22/06/attach/__icsFiles/afieldfile/2010/06/21/1294983_01_1.pdf）。

このコンクールのテーマは「原子力発電や放射線に関すること」だ。応募要項の表紙には、受賞したポスターが並んでいる。それらのポスターには「ぼくたちのみらいをはこぶ原子力」「地球を温暖化から守るきれいなエネルギー原子力」「きれいな空気ありがとう」「原子力が守るみんなの自然」「原子力でみんな笑顔」などの言葉が入っている。

また、応募要項に並んで「ヒントを参考にポスターをつくろう！」とあり、そのヒントにあるのは、「大切な電気をつくる原子力発電」「小さな原子から出るエネルギー」「ウラン燃料は、小さくても力持ち」「地球にやさしい原子力発電」「地球ができたときからある放射線」「5重のかべで安全を守る発電所」「さまざまな分野で役立つ放射線」「リサイクルできるウラン燃料」「電気のごみは、地下深くへきちんと処分」である。

このようなポスターコンクールに子どもを参加させることに力を発揮してきた大きな教

育団体がＴＯＳＳだった。ＴＯＳＳは、原子力ポスターコンクールの協賛団体にも名を連ねていた。

ＴＯＳＳ向山洋一氏座長のエネルギー教育全国協議会

１９９７年発足したエネルギー教育全国協議会というものがある。座長はＴＯＳＳの代表でもある向山洋一氏。住所はＴＯＳＳビル内となっている。

エネルギー教育全国協議会では、「原子力教育」模擬授業全国大会なるものを開き、これらの実践を毎年、大々的に表彰していた。

福島第一原発事故前の２０１０年2月に開催された、第2回「原子力教育」模擬授業全国大会の様子が「放射線教育支援サイト〝らでぃ〟」の記事になっていた（現在は削除）。そこには、「後援：日本教育新聞社、財団法人経済広報センター、協力：電気事業連合会」とあった。

この大会のプログラムは、日本理科教育支援センター代表の小森栄治氏が「原子力発電をどう考えるのか？　正しい意思決定には正しい知識が必要。それを育むのが事実や判断の仕方をきちんと教える『原子力教育』。今日はワクワクするような楽しくわかりやすい授業をして下さい」と宣言してスタートした。

内閣府原子力委員会（これは原発推進の委員会）委員が、「世界の中での日本の役割も含めて〝世界への貢献〟という広い視野からのエネルギー教育も進めていただきたい」と来賓《らいひん》として言葉を述べていた。原発を大増設し、また大きな輸出産業にしていく政策に基づいて教育を、ということだろう。

基調授業は「高レベル放射性廃棄物」だった。それによると、地下処分の地層はきわめて安定しているという。

この主催の代表の向山氏は、参加者に「極めて高度な技術を持ちながら稼働率が低いため国際的に高く評価されない日本の原子力発電など、実践発表で取り上げられたテーマに触れながら」、次のように呼びかけた。

「例えばこの稼働率低下には正しい知識を持たないために、新潟中越沖地震によって被災した柏崎刈羽原子力発電所を、安全が確認されてもなお、2年間も稼働させないという現実があります。この背景には正しい知識を持っていないために、日本国民全体を覆っている原子力発電に対する〝拒否感〟の存在があることは否めません。こうした実態を解消するためにも、事実に立脚した正しい知識を子どもたちはもちろん、学校や地域にも広げて欲しい」

柏崎刈羽原子力発電所については、当時の東京電力社長が「できるだけ早く年内に」と言って反発を受け、所長は、「まだ国、県技術委員会などの審議にも入っておらず、（運転再開の）スケジュールは見通せていない」と述べていたが、向山氏の「正しい知識」では2年前に安全は確認されているのだ。

私は原子力教育について、子どもたちが主体的に判断できるための知識を与えるならよいことだと考えている。しかし、向山氏や小森氏の言う「正しい知識」を与えるというふれこみで、教員を原子炉実習、エネルギー環境教育、原子力教育、放射線教育などに巻き込み、子どもを原子力ポスターコンクールや原発推進観念で洗脳するような教育をやってきた部分があることには危惧を覚える。

福島第一原発事故前には、TOSSランドに、「『ゼロリスク願望』～再処理工場の安全性」「高速増殖炉もんじゅ」「原子力発電所の5重の壁の授業」「放射線ホルミシス」などの指導案が並んでいた。ほとんどは小学生対象の指導案だ。事故後には、これらの指導案は削除されていたが、現在では一部復活させているようだ。私が見たもので印象に残っているのは高レベル放射性廃棄物についての指導案で、地下深くに処分すれば問題がない、君の家の庭に埋めても大丈夫、というような内容だった。

このように向山氏は、TOSSやエネルギー教育全国協議会で、電気事業連合会などの後援を受けてTOSS教員を原子力推進教育に駆り立てているのである。

TOSSランドにあった原発推進の指導案例

現在、TOSSランドでは削除されていて見られないが、「放射線ホルミシス効果の授業（実施学年　小学校6年　総合）TOSS長崎・小田哲也」という指導案があった。

タイトルにある、「放射線ホルミシス」という言葉は聞いたことがない人もいることだろう。これは、放射線ホメーシスともいう。

ホルミシスは、「ホルモン」という言葉と同じ起源を持っていて、ギリシア語で「刺激する」「興奮させる」という意味の「ホルモ」に由来する。放射線ホルミシスは、「少量の放射線を浴びると害があるどころか逆に体にいい」という話だ。1980年にアメリカのトーマス・D・ラッキー博士が提唱したもので、少量の放射線による刺激により生体の免疫機能が活性化されて、その結果、病気を治したり予防したりといった健康によい影響を与えるという考え方である。

少量の放射線は害どころか健康に有益だとする放射線ホルミシスは、原発の立地にともなう住民説得の際によく使われていた。原発付近の住民にとっては耳馴染みのある言葉かもしれない。

私は、ラジウム温泉の説明板でよくこの言葉を見かけた。

しかし、放射線ホルミシスは学問的な問題提起としては重要だろうが、現在までのところ、いくつかの動物実験でこの効果が示唆されているものの、この効果はないという結果もある。つまり、いまだ定説になるにはほど遠い状態である。だから、ＩＣＲＰ（国際放射線防護委員会）は、この効果に関心を示していても、その勧告に取り入れていない。

世界的な放射線防護の考え方は、「少量の放射線であっても害がある」ので、「無用な放射線に被ばくすることはできるだけ避ける」「避けることができる放射線被ばくは、被ばく量をできるだけ下げる」ということだ。

では、ＴＯＳＳランドにあった放射線ホルミシスの授業はどんなものなのだろうか。その展開を簡略化して紹介しよう（わかりやすくするため、加筆、修正あり）。

【発問】『温泉。行ってみたい人？』

『温泉に入ることは、体にとってよいことである。そうだと思う人？』

【説明】『人は、昔から温泉に入り、体をよくしようとしてきました』

世界の温泉分布を示し、聖徳太子や神様も入っていた、温泉は、３０００年の歴史があると説明する。

【発問】『ラドン温泉というものがあります。ラジウム温泉とも言う。聞いたことがある人？　ラドン・ラジウムを辞書でひいてみました。青いところを読んでみてください』

（代表的な放射性元素の1つ）

『ラジウムとは、何だと言えますか』

（放射性物質）

『実際に温泉で（放射線を）測ってみました。0・16ミリシーベルト放射線があるんですね』

【発問】『温泉に入るのは、よいことだと思う人？』

【説明】『放射性物質を持ってきました。みんなの前にある封筒の中身をそっと見てください。（これは）カリウムという放射性物質が入った肥料なんです。普通に畑にまく肥料。先生の家から持ってきました』

『カリウムは他のものにも入っています』

ポカリスエットを示す。

『みんなが成長するのに必要な放射性物質なんです。どこにでもある』

『実際、部屋の中で放射線を測ってみました。みんなの周りには放射線がある。量が違うというだけ』

【発問】『温泉に入るのは、よいことだと思う人？』

【説明】『鳥取県に三朝《みささ》温泉というところがあります。ここは、普通の温泉よりもさらに放射線が多い。ガン死亡率を調べてみました。全国平均を100とすると、温泉の周辺は多いか、少ないか？』

（少ない）

『（この効果を）放射線ホルミシス効果と言います。言ってみましょう、はい』

（放射線ホルミシス効果）

ここで、生物に対して通常有害な作用を示すものが、微量であれば逆に良い作用であることを示す。

『ゾウリムシで実験してみました。左は放射線を当てない。右は少し当てる。どちらが増えると思いますか』

『右なんです。少しの放射線は、細胞の働きを活性化させるのです』

【発問】『温泉に入るのは、よいことだと思う人？』

【説明】『人間は、自然と体によいものを求めるものです。原子爆弾被爆者別府温泉療養研究所（というのがあります）。（これは）普通の温泉です』

これまで80万人の人がこの温泉を訪れたことを説明。

『放射線の被害を受けた人が少しの放射線で体をよくしようとしている。青いところを読んでください』

（毒か薬かは量で決まる）

『確かに、日光浴（では）紫外線を浴びます。浴びすぎるのはよくない。砂糖（も）とりすぎはダメ。塩（を）とらないのもダメ。正しい情報を得ることが大切なのです』

『日本の物理学者は次のような言葉を残しています。読んでください』

（ものを怖がらなさすぎたり、怖がりすぎたりするのはやさしいが、正当に怖がることはなかなか難しい）

実はこの指導案には、次の内容もあった。のちに次の内容を削除し、さらに上記もふくめて削除していたのだ。

【説明】『それだけではありません。チェルノブイリの原子炉はそのままにしておくと消えてしまうか、暴走してしまいます。日本の発電所は決して暴走しないつくりになっているのです。これを自己制御性と言います。チェルノブイリで働いている人々は、専門家ではありませんでした。日本の原子力発電所では、厳しい訓練を積んだ人たちが働いています。彼らは毎年、何日間、訓練を積んでいると思いますか。予想をノートに書きなさい』

（50日間）

【発問】『日本でもチェルノブイリのような事故が、①起こると思う。②たぶん起こると思う。③たぶん起こらないと思う。④起こらないと思う。どれか一つに手を挙げます』

【発問】『日本の原子力発電所は何のためにこのような手立てをとっているのでしょうか。ノートに書きなさい』

出てきた考えはすべて認める。

【説明】『九州電力にメールで聞いてみました。すべては「安全」のために努力しているということでした』

この授業内容について、少し補足しておこう。

・私たちは体内にカリウム40（食べ物から摂取）を、体内放射能として4000〜5000ベクレル（大人の場合）持っている。カリウム40は自然放射性物質の1つだが、私たちの体には、浴びているのが自然放射線か人工放射線かを見分けるセンサーはなく、どちらも無害とは言えない。自然放射線の存在をもとに放射線は安全とするのはまずい。

・放射線ホルミシスの根拠としてゾウリムシの実験結果を使っているが、放射線がない環境では放射線の悪影響がないから、増殖率を高くする必要がない。よって、増殖率が落ちたと解釈できる。放射線がそれなりの損傷をもたらすので、ゾウリムシがそれに対抗して防衛している証拠とも考えられる。

・近藤宗平氏（当時、近畿大学原子力研究所教授）らの疫学調査で、鳥取県三朝町の温泉のある地区の住民と近隣で温泉のない地区の住人を比較した結果、非温泉地区に比べて温泉地区では1952年から1988年のがん死亡率が低いとする論文が発表された。原発推進側はこの結果をよく使っているが、その後再調査、再検討して「死亡率の差は見られなかった」という調査報告を使うべきだ。有意差はなかったが、温泉地区のほうが少しがん死亡率が上だった。

・原子爆弾被爆者別府温泉療養研究所は1960年に温泉を利用した被爆者の健康保持、増進を目的として設置されたが、2011年5月に閉鎖された。別府には放射能泉も一部湧出しているが、入浴用には用いられていない。この指導案では「少しの放射線で体を良くしようとしている」としているが、思い込みによるウソではないか。

・わが国の原発はチェルノブイリ原発事故のような事故が起こらないとしていた原発推進側の言い分をそのまま受け売りしている。
・電力会社の安全神話で子どもたちを洗脳している。

この指導案だけでも、原子力推進教育のニセ科学性が浮かび上がるのではないか。

第8章　他にもいろいろニセ科学

学校に入り込んだニセ科学の主だったものをあげてきたが、ここでは、「RikaTan（理科の探検）」誌の「ニセ科学を斬る！」特集で取り上げたものをいくつか紹介することにしよう。

文部科学省作成の教材「私たちの道徳」などに取り上げられた「江戸しぐさ」は、実際の江戸時代の風俗とは違って、西洋風マナーの焼き直しや軍国主義教育の残滓《ざんし》までふくんだ、捏造《ねつぞう》されたものだった。

文部科学省発行の保健体育用の副教材に載った「女性の妊娠のしやすさの年齢による変化グラフ」に疑問を感じて追究したら改ざんグラフだった。

よく学校で聞くオオカミ少女アマラとカマラの話は、社会学者の調査や動物学の見地から、どうも発見者とされるシング牧師が捏造したものらしい。

小学校では地動説で理由《わけ》を答えると×になる、文部科学省の学習指導要領理科の担当者でも理科をよくわかっていない話、かけ算に順序があると信じる教員にその言われる通りの順序で答えないと×になるという話なども入れた。

現代人が創作した「江戸しぐさ」が「道徳」の教材に

偽史・偽書の研究に長年取り組んできた原田実さんは、「江戸しぐさ」の内容が荒唐無稽で、実際は現代人の創作であることをはっきりと示している。

　ここでは、原田実「『江戸しぐさ』問題にみる科学的精神の欠如」（「RikaTan〔理科の探検〕」２０１６年4月号）をもとに見ていこう。

「江戸しぐさ」とは、自称伝承者たちによると、江戸時代の商人たちが争いなく暮らしていくために作り上げた生活哲学だという。雨の日に狭い路地ですれ違う際に傘を相手と反対側に傾ける「傘かしげ」、横長の座席がある乗り物で腰をこぶし１つ分浮かせて移動し、後からの乗客のために座る場所を作る「こぶし腰浮かせ」などがその代表とされる。

　しかし、その「江戸しぐさ」は現代人の創作である。その作者は芝三光《しばみつあきら》（本名・小林和雄、１９２８―99年）という人物である。現在の「江戸しぐさ」伝承者は芝の弟子や孫弟子にあたる人々に過ぎない。しかし、検定教科書に取り上げられたり、文部科学省が道徳教科化に備えて作成した教材の一つ「私たちの道徳　小学5・6年生」でも「江戸しぐさ」に見開き2ページ分を割いてイラスト入りで解説されたりしていた。偽造・捏造された歴史が教育現場に入り込んだのだ。

　もちろん、こういう類はＴＯＳＳランドにもあるだろうと思ったら、案の定あった。

　タイトルはずばり、「江戸しぐさ」。その趣旨は「金や物よりも人間を大事にし、差別のない共生の精神で、皆が仲良く暮らせる平和を基本として考える江戸しぐさのよさを伝えていく授業」という。

ＴＯＳＳランドにある授業内容は、「傘かしげ」や「こぶし腰浮かせ」などをもとに、江戸しぐさを、「①人にして気持ちがいい。②してもらって気持ちがいい。③見ていても気持ちがいい。というようなみんなが気持ちよく笑顔で暮らせるものだったんですね」と説明する。

しかし、「傘かしげ」や「こぶし腰浮かせ」は、少し江戸時代のくらしを知っていればとても変なしぐさである。

私は、原田さんによる「傘かしげ」や「こぶし腰浮かせ」についての次のコメントに同感である。

　江戸時代の和傘は現代の洋傘と違ってすぼめやすいため、傾けるよりすぼめた方がすれ違うのも楽だった。それに土間が路地に面していて雨の日も日中は開け放すことが多かった江戸の家の作りで「傘かしげ」などやろうものなら人様の家の中に雨水をまきかねない。

　江戸で乗合の乗物と言えば渡し船。人を荷物や馬と一緒に載せることも多い江戸の渡し船には乗客のための座席はない。第一、渡し船は川の両岸を結ぶものだから途中乗船という状況自体がまずありえない。電車が走ってでもいなければ「こぶし腰浮かせ」は使いようがないしぐさである。

他の「江戸しぐさ」にも、江戸時代にはありえない話が満載である。つまり現代人が江戸時代についての非常に貧困な想像で創作したものだからだ。

原田さんは言う。

「江戸しぐさ」のように荒唐無稽なものがチェックされることなく教育現場に広まったことには驚くしかない。それがいまでは、教科書会社や文部科学省が作成した教材にまで事実として取り上げられた。教育現場への浸透ということでは、これは旧石器時代遺跡捏造事件（2000年発覚）に匹敵するスキャンダルといってもよいだろう。（中略）

江戸時代と現代の技術の違いを考慮せず、現代生活に便利なマナーが江戸時代からあったといいはることは科学技術を進めて来た先人への冒瀆であり、それ自体が科学的精神の欠如である。

科学の名を冠し科学行政を管轄する行政機関に科学的精神がないというのでは洒落

にもならない。文部科学省には、その名にふさわしい方針を示していただきたいものである。

副教材に改ざんグラフを使った文部科学省

２０１５年８月、文部科学省は高校生向け保健体育の副教材「健康な生活を送るために（平成27年度版）」を改訂して発行した。

この副教材には「女性の妊娠のしやすさの年齢による変化グラフ」が掲載されていた。グラフは22歳をピークに妊娠のしやすさが低下するグラフだった。そのグラフに疑問を抱いた人たちの追究が始まった。

その一人、高橋さきのさんの論説「高校保健副教材の《非科学》――『グラフを見たら疑え』という時代」（「RikaTan〔理科の探検〕」２０１６年４月号）を見てみよう。

データは、避妊普及以前の半世紀以上前のもの。16歳～22歳の部分は台湾、25歳以上の部分は米国のハテライト（フッター派の人々、宗教上の理由から避妊・中絶を行わない）のカップルのものだった。１９７０年代になって、計算処理の手法を新たに編み出すことによって描かれたのがこのグラフの原型となるグラフだったのである。

つまり、こうした改ざんグラフが、2015年の高校生向け副教材の医学・生物学色をおびた記述内容のまっただなかに、「女性の妊娠しやすさ」として掲載されていたということだ。しかも、出典表示が不適切であるから、容易なことでは、元の論文にあたって確認することもできない。

（中略）

古くからの友人たちとも連絡をとりあって副教材の他の箇所も検討してみると、それはもうおびただしい数の不適切箇所が出てきた。

この副教材は、少子化対策の一環として、高校生に「科学的に正しい」話を伝える目的で作られたものである。そのときに、原典をたどるのを難しくして、数値のごまかしやグラフの配置のごまかしなどをした改ざんグラフで、「科学的に正しい」という雰囲気をもたらそうとしたのだろう。

では、何を高校生に伝えるべきか。

高橋さんは、高校生に伝える基本事項を次のようにまとめている（傍線部分は、性別が問題になる部分）。

《生物学側の事項》

人間は生きものなのだから、成長し、その後は老いる。妊娠出産といった生殖活動は、生きものが元気なときにしかできない。

- 生殖可能の開始年齢には、かなりの幅があり、個人差も大きい。
- 生殖活動を終える年齢には、性別による差がある。赤ん坊が生まれるまで自分の体内が成育現場となる女性の方が早く、完全な閉経を迎える時期は五〇歳前後に集中している。男性は、個人差が大きい。
- 生殖活動期間中であっても、後期に入ると、性的交渉が妊娠につながる確率は年齢とともに下がってくるし（下がり方は個人差が大きい）、流産率も上昇する。女性の場合、出産にともなうリスクも高くなる。
- 生殖活動期間中であっても、ごく若い時期については、出産にともなうリスクが高い。

《技術側の事項》

生殖補助医療は、「補助」にとどまり、妊娠可能な年代幅を一気に広げることはできない。内容についてよく知ったうえで、生殖活動がある程度活発な時期に受けることが大切である。

（「グラフを見たら疑え――『専門家』が誘導する非科学」〔西山千恵子・柘植あづみ編著『文科省／高校「妊活」教材の嘘』論創社、2017年〕）

なお、この副教材は平成28年度版になって、問題を指摘された箇所はほとんどが修正・改善された。

オオカミに育てられた少女？

1920年にインドで、シング牧師らによってオオカミの巣から助け出されたという2人の少女がいる。それが、オオカミ少女アマラとカマラである。

シング牧師は、彼女たちの発見・救出やその後の成長の様子を日記の形で記録した。それは、人類学者のロバート・ジングの尽力で1943年に出版された。この出版に先立って、アメリカの発達心理学者のアーノルド・ゲゼルがこの話を紹介する本を出版した。

日記のはじめの部分は、2人の女の子をオオカミの巣であるほら穴から捕らえたときの様子が書かれていた。アマラとカマラは、人間らしいところはまったく見えなかった。四つ足で歩き、生肉を好んで食べた。食べるときは、手を使わず、口をそのまま食べ物にもっていった。アマラは発見後1年で亡くなり、カマラは9年間生きたのち亡くなった。日記の大部分は、9年間にわたるカマラの訓練の様子だ。それには、毎晩、3回のほえ声がとぎれとぎれになるまでに数年かかった、などとある。

はじめは、「オオカミが人間を育てたって？　そんなことがあるわけはない」と思われていたが、シング牧師の日記に書かれた彼女たちのくわしい成長の様子は、次第に真実だと思われるようになった。そして、「人間はオオカミに育てられるとオオカミになってしまう。だから人間による教育が重要である」「人間は白紙の状態で生まれ、すべて人間社会の教育によって人間になっていく」といった、教育の重要性をうったえるのに使える話となっていった。

ところが、この「オオカミ少女アマラとカマラ」の話を疑った人たちがいる。

シング牧師が亡くなってからのことだが、彼の日記の内容が本当かどうか、社会学者のウィリアム・F・オグバーンらが現地調査を行った。そのときすでに、カマラが亡くなって22年、シングが亡くなって11年経過していた。

まず、オオカミの巣からの救出について、シング牧師の娘と息子を除いては誰も日記の内容と同じことを言わなかった。彼の娘と息子は、本になった日記を読んで、それと同じことを言った。当時の新聞記事の内容も違っていた。シング牧師の日記は、最初から疑問だらけだったのである。

アマラは、シング牧師の孤児院に1年いただけで亡くなってしまったので、彼女のことは調べてもわからなかった。しかし、カマラについては孤児院仲間からの情報があった。「人間の子どもで、ほとんど口を聞かず、他の子とちっとも遊ばなかったことを除けば、他の子と同じようだった」ということだ。

しかし、シング牧師の日記によれば、カマラは、夜行性で目が真っ暗闇で青白く光った、生肉しか食べないといったことが書かれていた。これでは、「他の子と同じようだった」とは言えない。

どちらかが、間違った、あるいは嘘の証言をしていたことになる。

動物学者の小原秀雄さんは、「夜行性で夜目が光る、生肉しか食べない」というのは、動物学的に間違ったオオカミについてのイメージをもとにしていると述べている。オオカミは飼育していると、昼間行動するようになるし、人間の目はそのしくみから、オオカミと暮らしていたからといって夜光るようにならないし、果物のナシで飢えをしのいだオオカミもいる。

さらに小原さんは、「オオカミの乳では人間の子は育たない。乳の成分はその動物の種類によって違っていて、オオカミとヒトでは成分に差がありすぎる」「子の成育はオオカミは速く、半年ぐらいで大人のオオカミになるが、人間の赤ちゃんはそれと同じには育たないので、一緒に行動できるようにならない」とオオカミが人間の赤ちゃんを育てられない理由をあげている（小原秀雄『人〔ヒト〕に成る』大月書店、1985年）。

調査によると、シング牧師は、前からオオカミに育てられた子どもについての話を聞いたり、そういった本を持っていたことがわかった。それらから、もっともらしく話を作ったのだろう。

では、どうしてシング牧師は作り話をしてしまったのだろうか。

オグバーンによるとこの話は、「シング牧師の宣教師としての評価を高めたし、おそらくいくばくかの金銭的報酬をもたらしたと思われる」と述べている。

一方で、オオカミに育てられたわけではなかったアマラとカマラは、どういう子どもだったのだろうか。自閉症児を数多く見てきたアメリカの心理学者、ブルーノ・ベッテルハイムは、シングの記述にもとづいて、2人は重い自閉症児だったのではないかと考えている（ベッテルハイムほか『野生児と自閉症児』福村出版、1978年）。

この話について、興味深いことがある。それは、日本と海外での扱いの違いだ。心理学者の鈴木光太郎さんは著書『オオカミ少女はいなかった——心理学の神話をめぐる冒険』（新曜社、2008年）で、そのことについて述べている。

・わが国では、教育現場では、既成事実として教えられている。
・海外では子ども向けの絵本の題材になっているが、最後のページで「この話は４つの可能性――シングの話は真実、真っ赤な嘘、少女たちは遺棄されたか迷子になったかした子たち、障害や自閉症などなんらかのハンディを負った子たち――」があって、「この話を読んだ探偵役のきみなら、どれを選ぶ？」という設問がある。実話と伝えている日本と違う。

今もこの話は、日本の教育では真実のように語られているようだ。

ＴＯＳＳランドに、オオカミに育てられた少女を用いた次のような授業がある。

・「卒業前（に）『狼に育てられた少女』で家族に感謝」
アマラとカマラは狼になる勉強はしたが、人間になる勉強はしなかった。それはできなかったから、人間にはなれなかったのだ、という展開から、両親や家族に感謝する気持ちを育てる授業。
・「人は人によって人となる」
人間の赤ちゃんは、親や家族なしでは人間として成長できないことを「オオカミに育てられた少女」の話によって知らせる。

私は小原さんと何度か話をしたり、講演を聴いたり、著書を読んでいたので、この話が動物学的にありえないことを理解していた。

私が教員になったばかりの1970年代、宮城教育大学の学長だった教育哲学者、林竹二『授業・人間について』（国土社、1973年）が教育界に感動をもたらしていた。林氏の授業はまさにオオカミに育てられた少女がメインの内容で、「人は人によって人になる」というものだった。私は「作り物の話で感動させるのはいかがなものか」と疑問を持っていた。インチキな話で感動させるというのは「水伝」の道徳授業と類似している。インチキを使わなくても教育はできるはずだ。

学校で未習の答えだと×

小学校3年理科では「太陽と地面の様子」を学習する。日陰のでき方、日陰の位置は太陽の位置の変化によって変わる、地面は太陽によって暖められるなどの内容だ。

そこで、「時間がたつと、かげのむきがかわるのはなぜですか」というテスト問題が出題された。この問題に「地球がまわるから」と回答した子どもに×がつけられた。正解は

「太陽が動くから」で、教員は「学習したことを使って書きましょう」とコメントした。まだ地動説は学校で学んでいないから、テストの答えでそのように書いてはいけないのだという。

これは、SNSで話題になった。

理科の教科書に太陽の動きの内容があり、日の出から日の入りまでの太陽の動きを観察する。日常生活でも「日が昇る」「日が沈む」という表現を当たり前に使っている以上、「太陽が動くから」というのは正解でよい。しかし、「地球が回るから」というのも正解ではないか。

実は学校には、「教科書に載っている内容、教員が教えた内容のように答えないと×」となる隠されたカリキュラムがある。そのことを通して、学習とは主体的なものではなく、教科書や教員の教えることをそのまま受けとるということを無意図的に教えてしまっている。

理科が好きな子どもなら小学校3年生までに「太陽のまわりを地球が回っている」ことを知っていても何らおかしくない。私なら「地球が回るから」という答えも○にするし、「こんな答えがあったけど、これも○にしました。今は太陽が動いていると学んでいるけれど、中学校では太陽のまわりを地球が動いていることを学びます」と説明する。

たとえば、物質の状態変化（固体・液体・気体の状態の変化）を、分子のイメージで理解する小学生がいたっていいのである。

理科入試問題の正答が間違っている

次は、２０１３（平成25）年度滋賀県高等学校の理科入試問題の一部である。

問題　酸素の関係する反応に興味を持ち、次の実験を行った。問いに答えなさい。

【実験１】図１のように、石灰石にうすい塩酸を加えて発生する気体をペットボトルに半分程度集め、水を入れたまま栓をした。そのペットボトルをよく振

図１

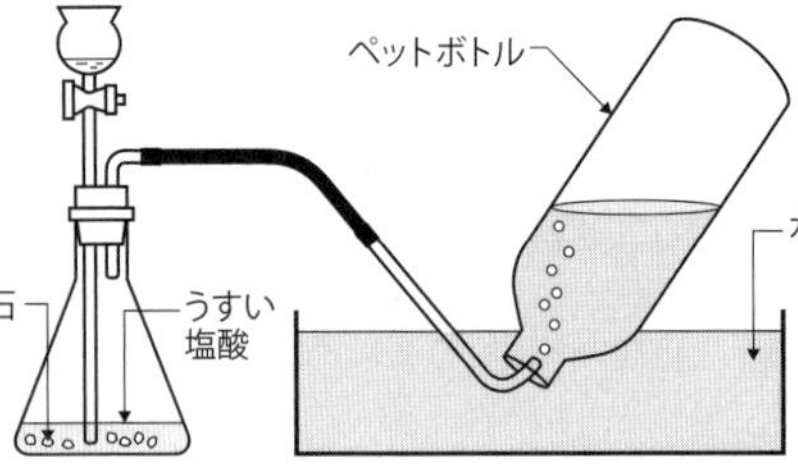

図２

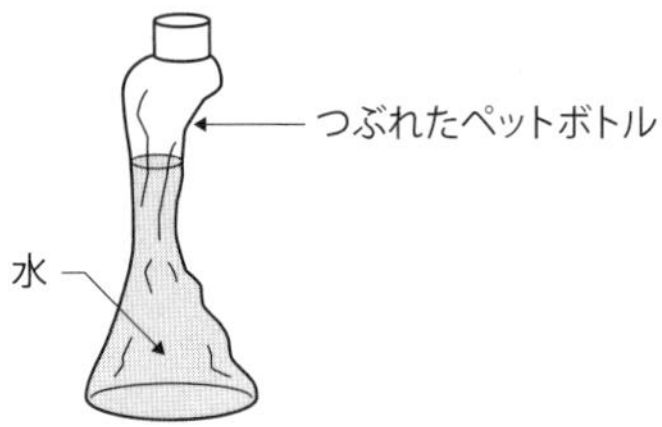

ると、図2のようにつぶれた。

【実験2】図3のように、水を入れた水そうを用意し、水そうの底に棒を立てた土台を置いた。火のついたろうそくを棒の先に取りつけ、底を切り取ったペットボトルをかぶせ、すばやくペットボトルに栓をしたところ、30秒後にろうそくの火が消え、ペットボトル内の水面は2・4cm上昇した。

【問い】実験2で、ペットボトル内の水面が上昇したのはなぜか。実験1の結果をもとに、説明しなさい。

図3

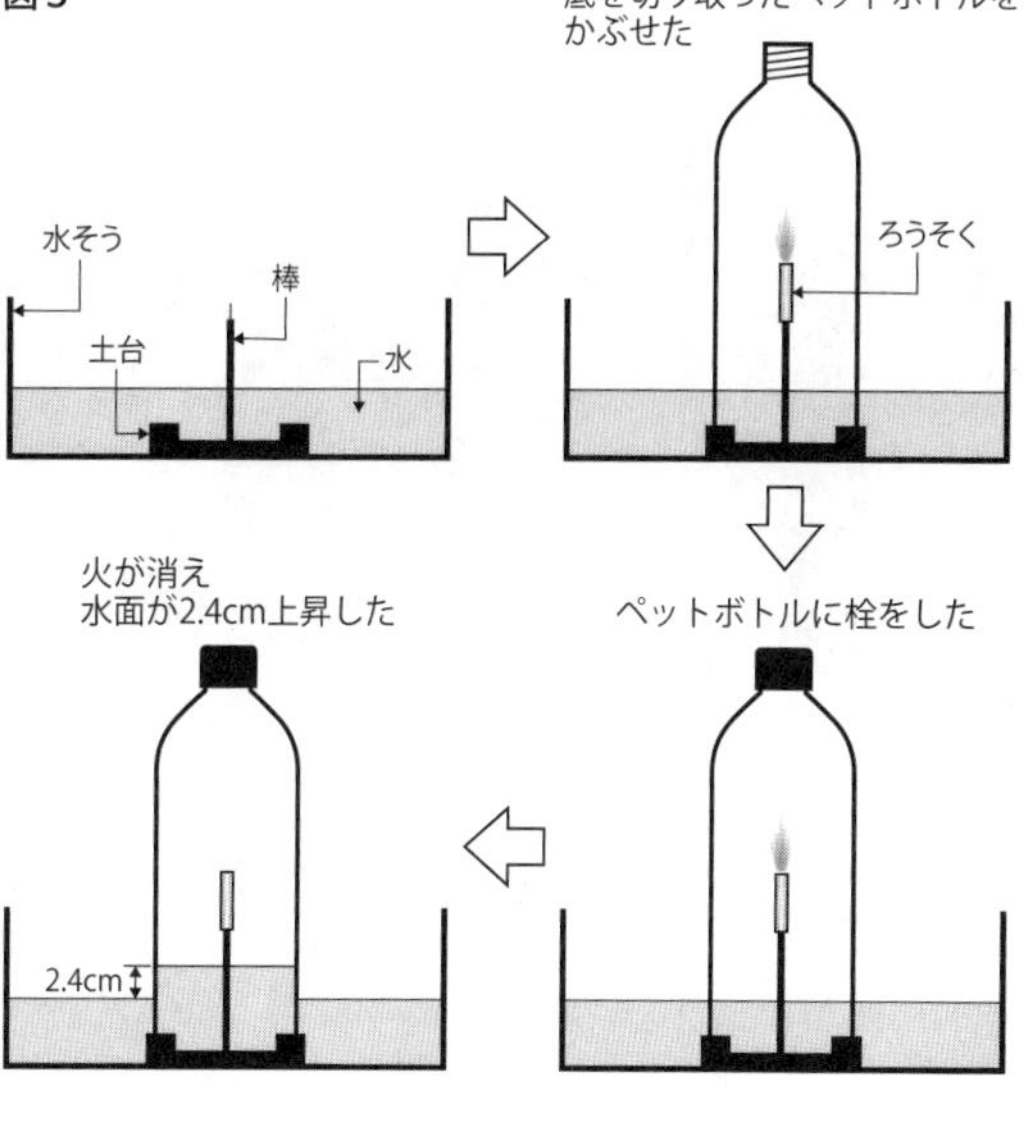

この問題は、「中等教育資料」平成26年9月号（学事出版）の連載「思考力を問う～高等学校入試選抜学力問題の工夫例 vol. 6」に紹介されて、文科省教科調査官、野内頼一氏によって、次のように評価されていた。

「解答に際しては酸素の消費だけでなく、二酸化炭素の発生と溶解に着目する必要がある。（中略）中学学習指導要領では（中略）実験・観察の結果を整理し考察する学習活動、科学的な概念を使用して考えたり説明したりする学習活動、探求的な学習活動を充実する方向で改善すると示している。本設問は、ろうそくの燃焼といった身近な現象を取り上げて、2つの実験を関連付けて考察する力やそれを適切に問う問題である。現象について既習の知識を使って多面的、総合的な見方を用いて説明されていることで効果的に思考力を問う問題になっている」

さて、この問題の正答例はというと、「ろうの燃焼でペットボトル内の酸素が使われ、発生した気体の一部が水に溶けたから」であった。

しかし、この正答例の「発生した気体の一部が水に溶けたから」が理由で、実験2の水面が2・4cm上がるというのはおかしい。

実験1は水と二酸化炭素が入ったペットボトルをよく振ったから二酸化炭素が水に溶けてペットボトルがつぶれたのである。実験2ではよく振っていないから、二酸化炭素は水にそんなに溶けない。

また、実験2でろうそくの火が消えたということは、空気全体の5％程度しか酸素は使われていない。できた二酸化炭素はそんなに水に溶けていないとしたら、本当の正答はどうなるだろうか。

ろうそくに火がついていると、そのまわりの空気は（できた二酸化炭素や水蒸気もふくめて）熱膨張している。火が消えれば、すぐにペットボトル内の空気は冷えていき、熱収縮する。この効果がもっとも大きく働いている。

この問題では、本当は実験1の結果が使えない状態なのに（水と二酸化炭素入りの容器をよく振っていないのに）「実験1の結果をもとに考える」という限定をつけて誤答へと誘導してしまっている。

私は若いころ、県立高等学校入試問題理科のチェックをしたことがあるが、複数の人で実験もすれば、正答例のチェックもしていた。滋賀県でもそうしたことだろう。それでもおかしな正答例になったし、採点者側からの疑問も出ていないようだ。よりによって文部科学省教科調査官から科学的思考力を問う問題として高評価されたことが残念でならない。

理科教育で、素朴概念から科学概念へという考えがある。子どもは、就学前から多くの体験と観察を通して、さまざまな知識を自分から獲得している。つまり子どもたちの頭の中は「白紙」ではない。子どもたちの頭の中が「白紙」なら、教育はそこに働きかけて、白紙に書き込んでいく営みになる。ところが、「白紙」ではなく、すでにさまざまな事柄が書き込まれている。それはある程度の一貫性があり、もっともらしい説明ができる知識・概念であり、素朴概念、あるいは素朴理論と呼ばれる。科学概念とは異なっていることが多いことから、誤概念ともいう。

子どもたちは未体験の自然現象に直面しても、すでに持っている素朴概念を使って解釈や説明を試みたり、予測を行ったりする。

実は、教員も誤概念としての素朴概念を持っていることがある。よく子どもが「目に見える湯気を水蒸気ととらえてしまう」という素朴概念を持っていることが言われるが、教員もそのような素朴概念を持っている場合があることには留意しなければならない。

かけ算の順序強制問題

ニセ科学ではないが、学校にはびこる悪しき慣例に、かけ算の順序強制というのがある。問題「子どもが6人います。一人にあめを7こずつくばります。あめは何こいりますか」

この問題に「しき6×7＝42、こたえ42こ」と答えると、「こたえ」は○だが、「しき」

は×にされることがある。「しき」の正解は「7×6」であり、「6×7」は誤りとされてしまう。

これがかけ算の順序強制の典型例である。

1951年改訂の小学校学習指導要領算数科編（試案）のⅣ第1部7（3）「計算などについて、理解をもたせる」には、次のように書いてあった。

「一冊5円のノートを、6冊買ったら、いくら支払えばよいでしょう」という問題を解くときには、「5円×6冊」として、その結果を求めるのが普通である。ところが、この問題を、「ノートを6冊買いました。どれも一冊5円でした。ぜんぶでいくら支払ったらよいでしょう。」とすると、「6×5＝30（円）」として結果を求めるこどもがでてくるであろう。

こどもが、このような誤った解決をするのは、かけ算の意味をひととおり理解しているにしても、その理解が形式的になっていることを示しているといえる。

これは60年以上前の学習指導要領が試案だったときのものだ。学習指導要領をあくまでも参考にして各学校の教育課程を作りなさいという時代だった。そのころから、かけ算の順序が違うと、誤りとされたのだ。

かけ算の順序については、「かけ算の意味」なるものがキーワードとなる。「単価（1つぶんの数）×数量（いくつ分）」（何のいくつ分）の順序に式を書かなければ「かけ算の意味」を理解していないとみなされるのである。

なお、現在、文部科学省はかけ算順序を学習指導要領などで強制していない。「学校の裁量」としている。

しかし、2011年1月17日付の「朝日新聞」教育面の記事「花まる先生 公開授業」では、そのドグマに従った授業を肯定的に紹介している。これを読むと、「かけ算の意味」を重視した授業のイメージが浮かぶだろう。

耳が3本生えたウサギや、足が2本伸びた宇宙人のようなタコ……。吉川先生の算数には、なんともへんてこな動物が登場する。手作りのパネルシアターだ。引き算や足し算、かけ算などに応じていろんなキャラクターが移動する。

3年4組はこの日、2年生で習ったかけ算の意味を再確認することになった。以前、「あめを3個買います。1個5円のあめを買うと全部でいくら（何円）？」という問題に、「3×5」と答えた子がクラスの半分以上いたからだ。これだと、「3円のあめを5個買った」ことになってしまう。

ウサギを3羽貼った先生が問いかけた。「ウサギが3羽います。ウサギの耳は二つずつあります。耳は全部でいくつでしょう。式はどうなりますか?」

解答用紙に真剣に向かうみんなの間を回り、「3×2」と書いた子どもたちを見つけた。教壇に戻った先生は「3×2にすると、いったいどうなるでしょう」。最初のウサギ3羽をはがし、別のウサギ2羽を貼った。

新しいウサギにみんなはびっくり。頭から耳が3本生えている。しかも、しかめっつら。「ありえない」「こわいよー」。悲鳴で教室は大騒ぎになった。

「3×2だと、耳が3本生えたウサギが2羽、ということになるよ」と先生。

次は、タコを使って、同様のかけ算に挑戦だ。

「タコが2匹います。それぞれ足は8本。全部で足は何本?」。「2×8」と書いた子どもたちを見つけた先生は、しめしめという顔で、足が2本のタコを8匹、パネルに貼っていった。「宇宙人みたい」「タコじゃない」。あちこちでつぶやきの声が上がった。

「2×8でも8×2でも答えは同じ。でも、意味は全然違うよ。文章をよく読んで考えてとくことが大切だね」と先生は話した。

かけ算の順序強制が行われている教室では、かけ算に交換法則があり、2匹×8本の式で計算できると理解していても、単価（1つぶんの数）×数量（いくつ分）の順序である8本×2匹という式にしないと「かけ算の意味」を理解していないとみなされてしまうのである。

教員の頭にある「かけ算の意味」に従った一つの式しか駄目なのだ。

では、世の中ではどうなっているのだろうか。「単価×数量」と「数量×単価」の両方の流儀が使われている。レシートを集めてみてもそのことを確認できる。見積書などでも「数量×単価」のスタイルは普通である。つまり、世の中では、「単価（1つぶんの数）×数量（いくつ分）」（何のいくつ分）の順序に式を書かなければならないというのは、小学校の算数教育のローカルルールに過ぎないということだ。これは、数学のルールでもない。

私は、かけ算の導入部分で、「タコが2匹います。それぞれ足は8本。全部で足は何本？」という問題をやるのはよいと思う。そのとき、「タコ1匹に足8本」が2匹で、8本×2匹でも、2匹×8本でもよいという考えだ。そのどちらも「かけ算の意味」はあるのではないか。

第9章　ニセ科学にだまされないようにするために

ニセ科学は科学への信頼を利用してだます

ニセ科学は、科学の装い、科学っぽい雰囲気を出しているのに科学ではないものを指すので、はじめから科学に見えない、オカルト、心霊現象、占いの類は、基本的にはニセ科学とは言わない。ただし、オカルト、超能力の類の中には「科学っぽい装い」のものもあるので、それはニセ科学にふくまれるだろう。

わが国の大人の傾向として、科学はわからないけど科学は大切だと思っているということがある。そこで、一見科学っぽいものに惹かれる傾向がある。科学と無関係でも、論理などは無茶苦茶でも、科学っぽい雰囲気を作れれば、ニセ科学を信じてくれる人たちがいる。ニセ科学がはびこっているのは、科学への信頼感を利用しているのだ。

わかりやすい「物語」に弱い、という面もある。だますほうは「量子力学」とか「波動」とか科学的めいた言葉をいっぱいちりばめながら、わかりやすい「物語」を示すので、科学のセンスがないとスーッと入っていってしまいやすい。

ニセ科学は、細かく見ていくといろいろあるが、大まかにいくつかを列挙してみよう。

がんが治る・ダイエットができるとするサプリメント・健康食品の多く／健康によい

とする水／ホメオパシー／経皮毒／デトックス／血液サラサラ／着けると健康によいというゲルマニウムやチタン製品・トルマリン製品／ゲーム脳／「人間の脳は全体の10％しか使っていない」「右脳人間・左脳人間が存在する」などの神経神話／水からの伝言／マイナスイオン／EM（通称、EM菌）／ナノ銀除染／フリーエネルギー／血液型性格判断／「知性ある何か」によって宇宙や生命を設計し創造したとするインテリジェント・デザイン説／アポロは月に行っていなかったとするアポロ陰謀論／人口減少させるために何者かが有毒化学物質をまいているとするケムトレイルなど

一般市民へのニセ科学でとくに問題なのは、健康系・医学系だ。ことは生命にかかわる。通常の治療（標準治療）を否定して治る病気を悪化させたり取り返しのつかないことになったりする。健康系・医学系は一般市民の誰しもが持っている健康への不安をターゲットにする。健康のためならいくらでもお金を使ってもよいと考えている人たちがいて、ニセ科学側は大きく儲けやすいからさまざまなニセ科学が活動している。中には医師やクリニックがニセ科学に手を出して犠牲者を増やしている。

ニセ科学でだまそうとする商品には、その説明に、いくつかのキーワードが見られる。「波動」、「共鳴」、「抗酸化作用」、「クラスター」、「エネルギー」、「活性」や「活性化」、

「免疫力」、「即効性」、「万能」、「天然」などだ。

これらの言葉があったら、「怪しい」可能性が高い。同じ言葉が科学にあっても、ニセ科学の中では、言葉の意味が変えられたりしている。こうした科学的な雰囲気を持つ用語がちりばめられると、科学への理解は浅くても科学的な雰囲気には弱い人たちにうまくアタックするのに効くからだ。

それから、たった一つのもので、あらゆる病気が治ったり、健康になったりする万能なものはない。「そんな一つ二つのもので魔法のように健康になれるものがあるのか」というのは、健康系ニセ科学を見抜く第一歩であろう。

問題は教育の土台を崩すこと

幸いなことに、学校は子どもたちが主体だから、大きな金儲けの犠牲にはなりにくい。せいぜい学校がEM活性液を購入する程度である。

学校のニセ科学の一番の問題は、ニセ科学を信じた教員によって子どもたちがその知識や考え方で洗脳されることである。そのことで、教育の土台が崩されていく。

たとえば学校の理科は、自然科学を学ぶことで、自然についての科学知識を身につけ、その活用をはかり、科学的な思考・判断の力を育てる教科だ。ニセ科学は、科学用語をちりばめながらわかりやすい物語を作っていて、それを信じてしまうことは科学的な思考・判断の力を失うことになる。

問われる科学リテラシー

問われるのは、科学リテラシーだ。リテラシーは、もともと「言語の読み書き能力」という意味だが、基礎的な科学知識の重要になった現代にあって、誰もが身につけてほしい科学を読み解く能力として科学リテラシーが登場してきた。

私は、現代では「読み・書き・そろばん」だけでは不足だと考えて、「読み・書き・そろばん・サイエンス」を主張している。

しかし、科学リテラシーを持つのは簡単ではない。

たとえば、「水伝」には〝言霊信仰〟、EMには〝何やらわからない謎な微生物への信仰〟があり、理性的な判断を曇らせる。

社会階層的には知的なレベルが高いと思われる教員も、真善美の3つの区分が曖昧《あいまい》になっている。「善なるものは真」「美なるものは真」という思いがあるのではないか。

事実をもとに科学的な手続きで検証してはじめて真なるものが確立するが、私たちの脳は、いちいち真なるものを追究しないで省力化する。断片をつなぎ合わせて直感的に判断することに馴れている。物事をクリティカル（懐疑的）にとらえることは面倒なので普通はそんなことはしない。

真善美が曖昧だと、「教室の子どもたちの言葉遣いをよくしたい」「子どもたちに環境によい活動をさせたい」という〝善意〟が基底に強くあって、しかも、写真などを見て科学的なものだと思ってしまい、「水伝」やEMなどに搦め取られていく。

ニセ科学の側は教育こそが自分たちの主張の拡大の手段になることを知っている。教員を通して多くの子どもたちへの浸透をはかる。そこで、〝感動〟と〝善意〟に弱い教員を主なターゲットにする。

TOSSはニセ科学の学習指導案普及に大きな役割を果たした。教員が、現場の多忙化の進行の中、ネットでダウンロードしてすぐ使える学習指導案に飛びついた面がある。教科書の内容を覚えることで学校優等生だった教員には、道徳や環境学習など教科書がない学習ではTOSSの学習指導案が頼りになった面もある。そんな学習指導案の中にニセ科学が忍び込んでいたのだ。

「私たちはだまされるのが普通である」ことを知る

私の専門の理科教育では、前章で述べたように、学習者としての子どもは、就学前から多くの経験を通してさまざまな知識を能動的に獲得していて、子どもなりの理論を持っていると考えている。つまり子どもたちの頭の中は、「白紙」ではない。子どもたちは、未体験の自然現象に直面しても、すでに持っている、ある程度の一貫性があり、もっともらしい説明ができる知識・概念（素朴概念）を使って解釈や説明を試みたり、予測を行ったりする。一般的に素朴概念は、科学理論とは異なるが、子どもたちの中では首尾一貫した理論となっている。

学校の学習などを通して素朴概念を克服できる場合もあるが、通常の授業を受けても容易には変容しないので、大人になっても保持される傾向が強い。健康についての素朴概念がフィルターになって、まわりの健康情報を無意識のうちに選別して、排除したり受け入れたりしているものなのだ。

私たちは日ごろ何らかの物事を判断するときに、手っ取り早く結論を出すために各自の素朴概念にもとづいて直感的に判断することをしばしば行っている。「問題は何か、その問題についてどんなデータや考えがあるのか、その中で科学的な根拠があるのはどれか」などといった面倒な手続きをしないですむので便利なことは確かだ。人はそういう認知システムを進化の中で身につけてきた。しかし、そこに落とし穴がある。

認知心理学の研究者である菊池聡さん（信州大学人文学部教授）は、「ニセ科学を信じてしまう心のしくみ」という論説（「RikaTan〔理科の探検〕」2014年春号）で、「普通ならば常識ある人は騙されないはずだという暗黙の前提があ」るようだが、それはおそらく逆で、「事実でないことでも事実のように信じてしまう思考傾向は、もともと人の心理システムに組み込まれており、簡単には騙されない思考こそ、そのシステムに逆らっているととらえる方が、より適切で建設的だと考えられ」るというのだ。「たとえ正確な情報や知識を得ていたとしても、時には自ら情報を歪め、あえて誤認識するようにも働くのです。この過程は認知バイアスとも呼ばれ、人が『自分で自分を騙す』仕組みを備えていることを意味」するとしている。

多くの人がニセ科学を信じてしまうのは、「科学知識が不足していたり、理科教育〔科学教育〕が弱かったりするからだ」ということだけからでは説明できない。私たちが思考するときに、つねに認知バイアスが働いていて、その結果、ニセ科学を受け入れてしまうことも起こるのだ。

認知バイアスの中でとくに知っておきたい「確証バイアス」とは？

人間は、自分の信じていることと矛盾する証拠を無視したり、曲解する傾向があるだけではなく、自分の信じていることを裏付ける証拠や議論ばかりに目を向け、認知する心的傾向がある。これを確証バイアスと言う。

確証バイアスは、一言で言えば、「自分に都合のよい事実だけしか見ない、集めない」ということだ。自分に都合の悪い事実は無視したり、探す努力を怠ったりする。このため、最初に自分が信じた考えを補強する情報を集め、自分の考えは「間違っていない」と思い込んでしまう。例えばＳＮＳで、自分の考えにより近い人からコメントがついたり、「いいね」がついたりして、確証バイアスに拍車がかかる。ネット検索で、自分の考えに近い記事をチェックすると、次々と似た傾向の記事が紹介され、これらがすべてと勘違いすることもある。

実際は確証バイアスが働いているのに、自分は合理的にしっかり考えていると思い込んでいる。しかし、私たちの思考は完全ではない。確証バイアスのような認知バイアスは誰にでもある。科学的に考えるということは、一つのことをいろんな角度から柔軟に考えることができる頭を持つことでもある。だから自分の考えへの批判的な意見も意識的に探して、必要なら自分の考えを修正したりもすることが必要である。

テレビでニセ科学やオカルトが疑似体験化され、「実際にある」と思わせられたりもしている。「テレビで見た、写真で見た」ことが、多くの人に〝事実〟化している面がある。

また、実際に自分が体験したことにも錯誤はあるし、自分にとって有利なある体験だけ記憶しがちであることにも注意しなければならない。
このような認知バイアス、確証バイアスの存在を教員はしっかり理解しておく必要がある。

日ごろからニセ科学にだまされないセンスを！

だまされないための基本は「知は力」ということだ。ニセ科学に引っかからないセンスと知力――科学リテラシーが求められる。

私はこれまで一生懸命、ニセ科学を調べて検討して、『暮らしのなかのニセ科学』（平凡社新書）を書いた。一読してもらえればニセ科学の雰囲気がわかるだろう。

また、私が編集長の「RikaTan（理科の探検）」誌で、2014年春号「特集　ニセ科学を斬る！」、2015年春号「特集　ニセ科学を斬る！　リターンズ」、2016年4月号「特集　ニセ科学を斬る！　2016」、2017年4月号「特集　ニセ科学を斬る！　2017」、2018年4月号「特集　ニセ科学を斬る！　2018」、2019年4月号「特集　ニセ科学を斬る！　ファイナル」を発行してきた。多くは発行所の「株式会社SAMA企画」に在庫がある。各号の内容は、RikaTan 読者サポートサイト（http://rikatan.com/）の「バックナンバー」で見ることができる。

「ネットや本などでまともな情報を調べてみると結構、情報がある」ことにも留意しよう。「怪しいな」と思ったら、調べたい言葉に「批判」「ニセ科学」「トンデモ」などを付け加えて検索するとよい。

私はこうして、賛否両論を読んで判断している。

あとがき

学校に入り込んでいるニセ科学の代表「水伝」やEMを好意的に学習したことのある経験を持つ学生は、理系の大学2年生を対象とした私の調査結果では、ほとんど小学校時代のことで、数％～10％程度であった。これを多いと見るか少ないと見るか。

道徳が教科化されて検定教科書も作られている。「水伝」やEMのような、すでに強い批判があるものは教科書には掲載されず、そういったものを使った授業は衰退していくかもしれない。しかし、「親学」や「江戸しぐさ」など、ニセ脳科学、ニセ歴史学のような新しいニセ科学的なるものが忍び込んでいることに注意し、批判していくことが重要だろう。

本書の締めとして、理科教育者の私がニセ科学批判をふくめた科学コミュニケーションをどのように進めてきたかを簡単に述べておきたい。

私は、公立中学校、東京大学教育学部附属中・高等学校（現・東京大学教育学部附属中等教育学校）の理科教諭を長く勤めてから大学に異動した。専門は理科教育である。京都工芸繊維大学で独自の理系アドミッション入試の企画・運営及び高・大接続の研究を行い、同志社女子大学現代社会学部現代こども学科では初等理科の教育・研究を、法政大学生命科学部環境応用化学科では基礎化学を、そして法政大学教職課程センターでは理系教職の教育・研究を行ってきた。現在は法政大学を定年退職し、東京大学で理系教職の講義を持っている。

東大附属時代に、理科教育を土台にして、『入門ビジュアルエコロジー　おいしい水　安全な水』を出版した。その本ではさまざまな機能を持つとされる水も検討し、世に怪しげな、しかし科学っぽい雰囲気で迫るニセ科学商品群があることを知り、私なりに批判的に紹介した。さらに、紀伊國屋新宿本店で拙著の隣に平積みになっていた、本書で再三にわたり批判してきた「水伝」と出会ったのはすでに述べた通りである。

そして、世にニセ科学が跋扈《ばっこ》している状況を見て、理科教育の研究・実践を土台に科学の啓蒙書を書いてきた。一般市民の科学リテラシーの育成がなにより重要だと思ったからである。さらに雑誌「RikaTan（理科の探検）」誌編集長としてニセ科学批判の特集号を出したり、『暮らしのなかのニセ科学』を執筆した。「RikaTan（理科の探検）」誌は、現在不定期刊行になっているが、発行所の株式会社SAMA企画には、創刊号から37巻までの在庫がある（電子書籍化もされている）。理科（科学）関係、カルト・オカルト・超常現象問題、ニセ科学問題の特集を出してきたので、ぜひご覧いただければと思う。

学校に入り込んでいるニセ科学の代表であるEMの擁護・推進者と、裁判闘争で完全勝利するという経験もした。実は『暮らしのなかのニセ科学』は、そのようなニセ科学の闘いの最中に背中を押されて執筆したものだ。本書もまた理科教育者としてニセ科学による学校汚染、子ども洗脳に危機感を持って執筆した。

最後になりますが、『暮らしのなかのニセ科学』同様、本書の編集に尽力してくれた平凡社の岸本洋和さんに感謝いたします。

２０１９年８月

左巻 健男

【著者】
左巻健男（さまき たけお）
1949年、栃木県生まれ。千葉大学教育学部卒。東京学芸大学大学院教育学研究科修士課程修了。専門は理科教育。東京大学教育学部附属中学校・高等学校教諭、京都工芸繊維大学教授、同志社女子大学教授、法政大学教授などを歴任。「RikaTan（理科の探検）」編集長。著書に『水はなんにも知らないよ』（ディスカヴァー携書）、『病気になるサプリ』（幻冬舎新書）、『面白くて眠れなくなる理科』『面白くて眠れなくなる化学』（以上、PHP文庫）、『水の常識ウソホント77』『暮らしのなかのニセ科学』（平凡社新書）など多数。

平凡社新書925

学校に入り込むニセ科学

発行日――2019年11月15日　初版第1刷

著者―――左巻健男
発行者――下中美都
発行所――株式会社平凡社
東京都千代田区神田神保町3-29　〒101-0051
電話　東京（03）3230-6580［編集］
　　　東京（03）3230-6573［営業］
振替　00180-0-29639
印刷・製本―株式会社東京印書館
装幀―――菊地信義

ISBN978-4-582-85925-6
NDC分類番号401　新書判（17.2cm）　総ページ248
平凡社ホームページ　https://www.heibonsha.co.jp/